高效种植致富直通车

图说 樱桃病虫害
诊断与防治

主　编　范　昆
副主编　武海斌　刘保友
参　编　曲健禄　张　勇

U0279865

机械工业出版社

本书是编者在总结多年科研成果与应用推广的基础上，结合大量生产实践经验编写而成的。本书内容包括樱桃31种病害和26种虫害及其综合防治技术、8种不良环境反应、农药的安全使用、农业部最新推荐使用的高效、低毒农药品种及禁用农药、樱桃园常用农药品种及其使用技术、樱桃园病虫综合防治技术规程等。本书图文并茂、内容丰富、通俗易懂。

本书适合广大樱桃种植户、农技生产与推广人员、相关科研人员等阅读，也可供农业院校相关专业师生参考。

图书在版编目（CIP）数据

图说樱桃病虫害诊断与防治/范昆主编. —北京：机械工业出版社，2014.5（2024.3重印）

（高效种植致富直通车）

ISBN 978-7-111-46518-8

I.①图… Ⅱ.①范… Ⅲ.①樱桃－病虫害防治－图解 Ⅳ.①S436.629-64

中国版本图书馆 CIP 数据核字（2014）第 082752 号

机械工业出版社（北京市百万庄大街22号　邮政编码100037）
总策划：李俊玲　张敬柱　　　　策划编辑：高伟　郎峰
责任编辑：高伟　郎峰　李俊慧　　版式设计：常天培
责任校对：薛娜　　　　　　　　　责任印制：单爱军
北京虎彩文化传播有限公司印刷
2024年3月第1版第8次印刷
140mm×203mm·3.875印张·99千字
标准书号：ISBN 978-7-111-46518-8
定价：25.00元

电话服务　　　　　　　　　　网络服务
客服电话：010-88361066　　　机　工　官　网：www.cmpbook.com
　　　　　010-88379833　　　机　工　官　博：weibo.com/cmp1952
　　　　　010-68326294　　　金　书　网：www.golden-book.com
封底无防伪标均为盗版　　机工教育服务网：www.cmpedu.com

高效种植致富直通车
编审委员会

序

园艺产业包括蔬菜、果树、花卉和茶等，经多年发展，园艺产业已经成为我国很多地区的农业支柱产业，形成了具有地方特色的果蔬优势产区，园艺种植的发展为农民增收致富和"三农"问题的解决做出了重要贡献。园艺产业基本属于高投入、高产出、技术含量相对较高的产业，农民在实际生产中经常在新品种引进和选择、设施建设、栽培和管理、病虫害防治及产品市场发展趋势预测等诸多方面存在困惑。要实现园艺生产的高产高效，并尽可能地减少农药、化肥施用量以保障产品食用安全和生产环境的健康离不开科技的支撑。

根据目前农村果蔬产业的生产现状和实际需求，机械工业出版社坚持高起点、高质量、高标准的原则，组织全国20多家农业科研院所中理论和实践经验丰富的教师、科研人员及一线技术人员编写了"高效种植致富直通车"丛书。该丛书以蔬菜、果树的高效种植为基本点，全面介绍了主要果蔬的高效栽培技术、棚室果蔬高效栽培技术和病虫害诊断与防治技术、果树整形修剪技术、农村经济作物栽培技术等，基本涵盖了主要的果蔬作物类型，内容全面，突出实用性、可操作性、指导性强。

整套图书力避大段晦涩文字的说教，编写形式新颖，采取图、表、文结合的方式，穿插重点、难点、窍门或提示等小栏目。此外，为提高技术的可借鉴性，书中配有果蔬优势产区种植能手的实例介绍，以便于种植者之间的交流和学习。

丛书针对性强，适合农村种植业者、农业技术人员和院校相关专业师生阅读参考。希望本套丛书能为农村果蔬产业科技进步和产业发展做出贡献，同时也恳请读者对书中的不当和错误之处提出宝贵意见，以便补正。

中国农业大学农学与生物技术学院

2014 年 5 月

前　言

　　近年来，樱桃因具有成熟期早、品质佳、经济价值高等优点，其栽培面积日益扩大。然而，随着栽培措施、气候条件、果园农药品种和防治措施的更替，樱桃园病虫害的发生与危害日益加重，造成严重的经济损失，已成为制约优质樱桃产业发展的瓶颈。当前，农产品优质、安全生产已成为国内外市场竞争的关键和广大消费者的普遍需求。实现农业生产标准化、提高农产品质量安全，已成为新形势下农业发展的必然趋势。

　　如何针对樱桃病虫害的发生规律，做到科学合理地使用农药，以达到最佳防治效果，其首要问题就是对病虫害做出准确的识别和诊断。为此，编者将从事科研多年来积累的樱桃主要病虫害发生规律、诊断识别、综合防治措施，常见自然灾害对樱桃生长的影响及预防，农业部最新推荐的高效、低毒农药品种及禁用农药，樱桃园常用农药及病虫综合防治技术规程等内容汇集成册，并搭配彩色照片，同时，还对重点内容专设了"提示""注意"等栏目，希望能够为解决一些樱桃安全生产方面的实际问题提供帮助。

　　需要特别说明的是，本书所用药物及其使用剂量仅供读者参考，不可照搬。在生产实际中，所用药物学名、常用名和实际商品名称有差异，药物浓度也有所不同，建议读者在使用每一种药物之前，参阅厂家提供的产品说明以确认药物用量、用药方法、用药时间及禁忌等。

　　本书由范昆主编，武海斌、刘保友任副主编，曲健禄、张勇参加了编写。在本书即将付印之际，编者要向提供部分重要图片的李晓军、孙瑞红、孙玉刚、王海清表示真诚的感谢，向本书直接或间接引用资料的作者表示最诚挚的谢意！

　　由于编者水平有限，书中不足之处在所难免，敬请读者批评指正。

编　者

V

目　录

序

前言

一、樱桃病害

二、樱桃虫害

三、不良环境反应

四、樱桃病虫害综合防治策略

五、农药的安全使用

附录

参考文献

一、樱桃病害

1. 樱桃树腐烂病 >>>>

樱桃树腐烂病，全国各樱桃产区都有发生，是樱桃果树受害很重的一种枝干病害。除为害樱桃外，还为害梨、桃、苹果、梅等多种落叶果树及杨、柳等阔叶树种。

【症状】樱桃腐烂病主要为害主干和主枝，自早春至晚秋都可发生，其中4~6月发病最盛。发病部位皮层组织被破坏，出现水浸状褐色病斑，发展成溃烂状，不断蔓延扩大，形成层腐烂（图1-1），有酒糟味，严重时韧皮部腐烂脱落，木质部外露呈褐色，从而造成树势衰弱，花量增多，但坐果率甚低，果个变小。发病后期，病部表皮下有小眼球状物，为病菌的繁殖器。

图1-1 樱桃树腐烂病田间症状

【病原】核果类腐烂病菌 [*Leucostoma cincta* （Fr.）Hahn.]，属真菌界子囊菌门。20世纪90年代，美国纽约农业实验站从病根和根茎中分离出的疫霉属 *megaspema* 和 *drechsleri* 两个种也能引起樱桃腐烂病。

【发病规律】病菌以菌丝体、分生孢子器及子囊壳在枝干病部越冬。第二年3~4月分生孢子器吸水后，分生孢子从孔口挤出，经雨水分散后，借风雨和昆虫传播。樱桃腐烂病菌为弱寄生菌，主要通过伤口侵入寄主，其次是皮孔。冻伤形成的裂口是病菌侵入的重要途径。

该病发生程度与樱桃品种、砧木、种植条件、气候条件有关。先锋品种容易生病；小叶类型的中国砧木发病重，大叶类型的中国砧木很少发病；用种子繁殖的砧木发病重，用压条繁殖的砧木发病轻。

⚠ **注意** 冻害、树势衰弱及管理粗放是该病流行的主要诱因。冻害严重的年份发病重，反之发病轻；结果过多、虫害严重、树势衰弱容易染病；土壤瘠薄、地势低洼、排水不良、管理不善、秋季多雨、偏施氮肥或灌水不当都可诱发腐烂病的发生。

〔防治方法〕

1）农业防治。加强果园管理，改善栽培条件，增施磷、钾肥料，可提高樱桃的抗病能力。

2）人工防治。结合冬季修剪彻底清除树上的枯枝，集中烧毁，以消灭越冬病菌，减少侵染来源。合理修剪后要用杀菌剂涂抹剪锯口。

📢 **提示** 晚秋用涂白剂（配方见附录F）涂白树干，或在主干上缠草绳，既可防止樱桃树受冻害，又能减轻樱桃树腐烂病的发生。

3）化学防治。樱桃树腐烂病初期发现病斑应及时治疗，在病部用利刀纵向平划数道，间距3mm左右，深达木质部，用3～5波美度的石硫合剂、腐必清乳剂3～5倍、70%甲基硫菌灵可湿性粉剂30～50倍或1.8%辛菌胺醋酸盐水剂5～10倍涂抹，每隔7～15天涂1次。

⚠ **注意** 因樱桃树易流胶，所以在刮除病疤涂药治疗后，再涂一层植物或动物油脂一类的伤口保护剂，将刮除的病皮带出园外烧毁。

2. 樱桃褐腐病 ▷▷▷▷

〔症状〕 樱桃褐腐病主要为害花和果实，引起花腐和果腐，还可侵染嫩叶和新梢，保护地樱桃发生更为严重。

1）花部受害。首先侵染雄蕊、花瓣尖端，出现褐色水渍状斑点，逐渐蔓延至全花，随即花变褐枯萎，天气潮湿时病花迅速腐烂，表面丛生灰色霉层，天气干燥时萎垂干枯，残留枝上。

2）展叶期的叶片易受此病侵染，自叶缘开始变褐。起初产生不太明显的棕色病斑，后变为棕褐色，产生灰白色粉状物。侵染整个叶片后，似霜害残留枝上。

3）侵染花、叶片的致病菌进而可蔓延至果梗、新梢上，呈现溃疡斑。病斑呈灰褐色，边缘为紫褐色，长圆形，中央稍凹陷，常引起流胶。病斑扩展至枝梢一周时，致使上部枝条枯死。潮湿环境下，病斑上出现灰色霉层。

4）果实从幼果至成熟果均可发病（图1-2），以近成熟果发病较重。从落花后第10天幼果开始发病，果面上产生针头大小的褐斑，逐渐扩大为黑褐色病斑，幼果不腐烂，但会收缩形成畸形果。成熟果实受侵染时，初期在果面产生浅褐色小斑点；环境适宜时，病斑迅速蔓延，引起全果变褐、软腐，病斑表面常产生大量呈同心轮纹状排列的灰褐色粉状物，即病原菌的分生孢子团（图1-3）。病果腐烂后有的脱落，有的则失水变成僵果，悬挂在树枝上。

图1-2 樱桃褐腐病病果（一）

图1-3 樱桃褐腐病病果（二）

5）因该病具有潜伏侵染特性，可严重危害储运期的果实。

【病原】 主要由核果链核盘菌 [*Monilinia laxa* （Aderh. elRulhl.）

Honey〕和美澳型核果链核盘菌〔*M. fructicola*（Wint.）〕两种病原菌引起，均属真菌界子囊菌门。

〔发病规律〕该致病菌主要以菌丝体或菌核在僵果、病枝溃疡部或病叶中越冬，第二年春地温回升至 10℃ 以上时，从菌核上生出子囊盘，形成子囊孢子，借风雨或昆虫传播。通过气孔、伤口等侵入花器、幼叶。潮湿环境下，受侵染的花器、嫩叶产生大量分生孢子，成为再侵染源，或已侵入的致病菌经花梗、叶柄扩展至果梗、新梢上。在 5~6 月果实开始着色时可大量侵染近成熟果实，形成病僵果。伤口侵入比自然侵入潜育期短，发病早，可经虫伤、机械伤侵染果实，也可通过表层气孔直接侵入，印证了"田间虫害频发、温暖潮湿条件下，樱桃褐腐病发病严重"的说法。

〔防治方法〕

1）农业防治。改善樱桃园通风透光条件，避免湿气滞留。开花期至果实膨大期棚内相对湿度控制在 60% 左右，不宜过高或过低。

2）人工防治。彻底清除树体及地面上的病花、病叶、病枝、病果、僵果，并带出果园集中烧毁或深埋，以降低侵染菌源。

3）化学防治。做到适期、对症用药。发芽前喷 1 次 3~5 波美度石硫合剂；生长季每隔 10~15 天喷 1 次药，共喷 4 次左右，药剂可选用 50% 多菌灵可湿性粉剂 600 倍、70% 甲基硫菌灵可湿性粉剂 700 倍、50% 多霉灵可湿性粉剂 1000 倍、40% 嘧霉胺悬浮剂 800~1000 倍、50% 扑海因悬浮剂 1000 倍或 80% 代森锰锌可湿性粉剂 800 倍。

⚠ **注意** ①不同杀菌剂要交替使用，降雨后及时喷药防治。②樱桃幼果期对农药较为敏感，为防止药害发生，过氧乙酸、三氯异氰尿酸、氯溴异氰尿酸均不能在樱桃上应用。

3. 樱桃炭疽病 >>>>

〔症状〕该病害主要为害果实，也能侵染叶片和新梢（图 1-4）。

在樱桃花期前后，侵染嫩叶后形成茶褐色圆形或不规则形病斑，病斑中央为红褐色，边缘呈褐色或灰褐色。后期，病斑中央转变为灰白色，并密布黑色小粒状的病菌子囊孢子。病斑之间愈合引起叶片穿孔。6月侵染叶片形成的病斑不规则，粗糙，呈黑褐色，严重时引起落叶（图1-5）。幼果发病少，近成熟3~10天的果实发病多，果实病斑起初呈茶褐色、凹陷状，条件合适时病斑上产生黏性橙黄色孢子堆。该病还可在采收后储运过程中发生。

图1-4　樱桃炭疽病病叶

图1-5　樱桃炭疽病田间为害症状

〔病原〕　由毛盘孢属炭疽病菌（*Colletotrichum gloeosporioides*）侵染所致。

〔发病规律〕　该病菌以菌丝在病梢组织、树上僵果中越冬。第二年3月上中旬至4月中下旬产生分生孢子，借风雨、昆虫传播，初次侵染新梢和幼果。近成熟期如遇多雨年份，果实常发生该病，并在病果上形成大量分生孢子，5~6月再侵染。

⚠️ **注意**　新梢幼果期，以低温多雨的环境有利于发病；果实成熟期，则以温暖、多云雾的高湿环境发病较重。此外，因土壤贫瘠、管理粗放、肥力不足、树势衰弱，尤其是钾元素和有机质缺乏的树体，也容易患病。

〔防治方法〕

1）农业防治。合理施肥，增施磷、钾肥料；灌水，增强树势，可提高树体抗病力。科学修剪，剪除病残枝及茂密枝，调节通风透光。雨季注意果园排水，保持果园适当的温湿度，结合修剪，清理果园，减少病源。

2）人工防治。结合冬季修剪彻底清除树上的枯枝、僵果和地面落果，集中烧毁，以降低越冬侵染菌源。在樱桃芽萌动至开花前后要反复剪除陆续出现的病枯枝，并及时剪除以后出现的卷叶病梢及病果，集中烧毁，防止病部产生孢子再次侵染。

3）化学防治。早春樱桃芽萌动前喷施 3~5 波美度的石硫合剂。对发生严重的果园，开花前后喷施 1~2 次 50% 克菌丹可湿性粉剂 600 倍或 50% 多菌灵可湿性粉剂 700 倍。幼果期，根据降雨情况喷施 1:1:200 倍波尔多液 1~2 次。近成熟期，间隔 7~10 天喷 1 次，可选用 80% 代森锰锌可湿性粉剂 800 倍、80% 炭疽福美可湿性粉剂 800 倍、22.7% 二氰蒽醌悬浮剂 800 倍或 70% 甲基硫菌灵可湿性粉剂 700 倍。

4. 樱桃疮痂病 >>>>

〔症状〕 樱桃疮痂病又称樱桃黑星病，主要为害果实，也为害叶片和枝条。果实染病，果面初生直径 2~3mm 暗褐色圆形小斑点，病重时斑点融合，导致果面粗糙。果实成熟时，病斑变为紫黑色或红黑色，略凹陷，湿度大时病斑上长出黑霉。病斑一般不深入果肉，只限于表皮，随果实增大，病果往往龟裂。叶片染病产生多角形灰绿色斑，后期病部干枯脱落或穿孔。

〔病原〕 病原为真菌界子囊菌门樱桃黑星菌（*Venturia cerasi* Aderh.），无性态为樱桃黑星孢［*Fusicladium cerasi*（Rabenhorst）Eriksson］。

〔发病规律〕 该致病菌以菌丝在枝梢病部越冬，第二年 4~5 月气温高于 10℃ 时产生分生孢子，经雨水或雾进行传播，在 2~32℃ 情况下，孢子均可萌发，其中 20~27℃ 时萌发量最大。病菌侵染后，潜育期很长，一般为 40 ~ 70 天。凡多雨潮湿的年份和地区、定植较密的果园发病严重。

〔防治方法〕

1）减少菌源，修剪时剪除病梢，改善通风透光条件。

2）棚室樱桃要注意通风散湿，露地樱桃园雨季注意排水，降低樱桃园湿度。

3）发芽前喷 80% 五氯酚钠可湿性粉剂 250 倍液。

4）落花后 15 天，喷洒 50% 甲基硫菌灵·硫黄悬浮剂 800 倍液、25% 苯菌灵·环已锌乳油 800 倍液或 80% 代森锰锌可湿性粉剂 500 倍液，隔 15 天喷 1 次，至 7 月即可。

5. 樱桃立枯病 >>>>

〔症状〕 主要为害幼苗茎部，初期产生暗褐色、椭圆形病斑，病苗白天萎蔫、夜间恢复，后期病斑凹陷腐烂，绕茎一周导致幼苗倒伏死亡，此病是危害樱桃苗圃的主要病害。

〔病原〕 病原为半知菌类立枯丝核菌（*Rhizoctonia solani*）。

〔发病规律〕 该病菌在植株病组织或土壤中越冬，主要通过农具、水流传播。从种子发芽至长出 4 片真叶期间，樱桃均可感染此病，尤其子叶期发病最重。地势低洼、排水不良、土壤黏重、植株过密、前作蔬菜、幼苗出土后遇阴雨天气的情况易导致病害重。

〔防治方法〕

1）科学选择苗圃地。育苗避免重茬，将无病菌或沙壤土质地块作为苗圃。

2）土壤消毒处理。播种前，用 0.5% 炭疽福美乳油、50% 多菌灵可湿性粉剂、70% 甲基硫菌灵可湿性粉剂等配药土处理土壤，每平方米用药 8 ~ 9g，拌土 1kg。

3）幼苗发病前期，可喷洒 70% 百菌清可湿性粉剂 1000 倍、70% 甲基硫菌灵可湿性粉剂 800 倍、50% 多菌灵可湿性粉剂 500 倍或 45% 噻菌灵悬浮剂 1000 倍等。

6. 樱桃树流胶病 >>>>

真菌性樱桃树流胶病是樱桃的一种重要病害，可使树势衰弱、枝条枯死，严重时整树死亡，在各樱桃产区都有发生。

〔症状〕樱桃真菌性流胶病按症状分为干腐型和溃疡型流胶两种，主要发生在主干、主枝上。干腐型初期病斑不规则，呈暗褐色，表面坚硬，常引发流胶；后期病斑呈长条形，干缩凹陷，有时周围开裂，表面密生小黑点。溃疡型流胶病，病部树体有树脂生成，但不立即流出，而存留于木质部与韧皮部之间，病部微隆起，一般从春季树液流动时开始从病部皮孔或伤口处流出乳白色半透明胶体黏液，并逐渐变黄呈琥珀色（图1-6），病部稍肿，变褐色腐朽，腐生其他杂菌，生长前期对树体影响不大。6月以后，症状表现较为明显，严重时树体先后出现黄叶、小叶现象，新梢停长，枝干皮层变褐，逐渐干枯（图1-7）。

〔病原〕干腐型流胶病由子囊菌亚门，茶藨子葡萄座腔菌（*Botryosphaeria ribis*（Tode）Grossenb. et Duggar）引起，分生孢子和子囊孢子借风雨传播，4～10月都可侵染，多从伤口侵入，系一次性侵入，以前期发病重。该菌为弱寄生菌，只能侵害衰弱树和弱枝，树势越弱发病越重。

溃疡型流胶病由子囊菌亚门的葡萄座腔菌（*Botryosphaeria dothitea* Ces. etde Not）引起，该菌为弱寄生菌，具有潜伏侵染的特性。分生孢子靠雨水传播。从春季树液流动病部就开始流胶，6月上旬以后发病逐渐加重，雨季发病最重。

图1-6 樱桃树流胶病为害症状

图1-7 樱桃流胶病田间为害症状

⚠️ **注意** 枝干受虫害、冻害、日灼伤及其他机械损伤的伤口是病菌侵入的重要入口。

〔发病规律〕 该病4～10月均可发生，以高温、高湿的7～9月最为严重。土壤条件恶化、各种原因形成的伤口、树体营养失调均可加重流胶病的发生程度。土壤黏重、长期过于潮湿或积水均易引起流胶，偏施氮肥也易引起流胶。枝干病害、虫害、冻害、日灼伤及其他机械造成的伤口也易引起流胶。

⚠️ **注意** 6月开始流胶，采果后尤其是新梢停止生长后，经过长期干旱偶降大雨或大水漫灌时，流胶更重。

〔防治方法〕

1）农业防治。加强果园管理，改善栽培条件，秋冬季节增施腐熟的有机肥，增强树势，提高抗病力，避免病菌侵入。雨季及时排水，严防园内积水。改变灌水制度，采取滴灌、渗灌或沟灌，避免大水漫灌。

2）人工防治。防治枝干病虫害，预防冻害、日灼伤等，尽量避免造成伤口（合理修剪、拉枝时间要适宜，及时防治枝干害虫），修剪造成的较大伤口涂保护剂。病斑仅限于表层，在冬季或开春后的雨雪天气后，流胶较松软，用镰刀及时刮除，同时在伤口处涂45%晶体石硫合剂30倍液或5波美度石硫合剂。

3）化学防治。对已发病的枝干及时彻底刮治，涂抹5波美度石硫合剂，再在伤口涂保护剂如铅油或动物油脂或黄泥，伤口也可以用生石灰10份、石硫合剂1份、食盐2份、植物油0.3份加水调制成的保护剂进行涂抹。

7. 樱桃褐斑穿孔病（褐斑病） >>>>

〔症状〕 主要为害叶片。初期在嫩叶上形成具有深色中心的黄色斑，病斑边缘逐渐变厚并呈黑色或红褐色，病斑近圆形、浅黄褐色至灰褐色，边缘紫红色（图1-8）。常多斑愈合，并随着中心生长、干化和皱缩，最终脱落形成孔洞。病斑上具黑色小粒点，即病菌的子囊壳或分生孢子梗。有时也可为害新梢，病部可生出褐色霉状物。

李晓军摄

图1-8 樱桃褐斑病病叶

〔病原〕 核果钉孢菌（*Passalora circumscissa*），属真菌界子囊菌门。有性态为葡萄球腔菌（*Mycosphaerella cerasella* Aderh.）。

〔发病规律〕 病菌主要以菌丝体或子囊壳在病叶上或枝梢病组织内越冬，第二年春产生子囊孢子或分生孢子，借风雨或气流传播。7月下旬或8月初检测到褐斑病菌孢子，8月中旬至9月中旬为孢子释放高峰期。树势衰弱、湿气滞留或夏季干旱发病重。

⚠ 注意 ①6月下旬或7月初始见褐斑病发生，7月下旬进入发病高峰，与降雨程度关系密切。②不同樱桃主栽品种褐斑病发生程度差异较大，其中意大利早红褐斑病发生最为严重，先锋次之，红灯、美早、拉宾斯等品种发生较轻。

〔防治方法〕

1）选用抗病品种。

2）农业防治。春季彻底清除樱桃园残枝落叶及落果、剪除病枝，集中深埋或烧毁。

3）加强樱桃园管理。合理修剪，使园内通风透光良好；及时

11

灌、排水，防止湿气滞留；增施有机肥，及时防治病虫害，以增强树势、提高树体抗病力。

4）化学防治。萌芽前全园喷 4 ~ 5 波美度的石硫合剂或 1∶1∶100 倍波尔多液。

提示　采果后，初次防治关键时期为 6 月中旬，在随后的 7 月中旬和 8 月中旬再各防治一次可控制该病的发生与发展，防治药剂可选用戊唑醇、苯醚甲环唑、多·锰锌、春雷霉素等杀菌剂。

8. 樱桃灰霉病 >>>>

樱桃灰霉病主要为害花序、幼果以及成熟的果实，有时也为害新梢、叶片和果梗。除樱桃外，病原菌还侵染桃、李、杏等核果类果树。

〔症状〕　果柄被灰霉菌侵染后易折断，导致幼果脱落；幼果受害初期似热水烫状，呈暗褐色，病组织软腐，表面附着棉絮状白毛，最后变为灰色霉层，即分生孢子（图 1-9、图 1-10）；发病严重时叶片也能感病，产生不规则的褐色病斑，病斑有时出现不规则轮纹；果实在近成熟期感病，先产生浅褐色凹陷病斑，病斑很快蔓延全果，导致果实腐烂。

李晓军摄

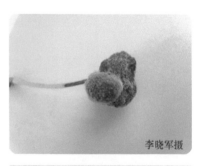
李晓军摄

图 1-9　樱桃灰霉病病果（一）　　图 1-10　樱桃灰霉病病果（二）

⚠️ **注意** 樱桃灰霉病是保护地樱桃发生最早、较重的病害，连续雨雪天气发生更为严重，主要为害樱桃果柄、幼果、叶片及果实，对生产造成较大损失。

〔病原〕 病原为半知菌亚门葡萄孢属灰葡萄孢菌（*Botrytis cinerea* Pers.）；有性阶段为子囊菌亚门富氏葡萄孢盘菌 [*Botryotinia fuckeliana* （de Bary）Whetze]。

〔发病规律〕 病菌以菌丝体、菌核、分生孢子梗随病残组织在土壤中越冬。展叶后产生分生孢子，随水滴或农事操作传播，经伤口、幼嫩组织皮孔侵染。灰霉病发生最适条件：温度为 20 ~ 22℃，空气相对湿度 85% 以上。如树体郁闭、氮肥施量过多等管理措施不当均可加重灰霉病发生。

⚠️ **注意** 在樱桃生长周期内，有两次发病高峰期：第一次发生在落花后，低温、高湿造成幼果、果柄大量被侵染；第二次发生在果实着色至成熟期，病菌易从裂果伤口处直接侵入，导致裂口处霉变。

〔防治方法〕

1）加强管理，增强树势和抗病能力。合理灌水，注意排湿；增施磷、钾肥，少施氮肥；剪除直立徒长枝、重叠枝。

2）采用多种方法，降低棚中湿度，将空气相对湿度控制在 80% 以下，可有效控制灰霉病的发生和流行。一是覆盖地膜；二是搞好通风排湿，避免叶面结露，采用沟灌，并浇水后及时划锄。

3）人工防治。樱桃落花后及时敲落花瓣、花萼，发病初期摘除病叶、病果，撤棚后彻底清除病残体，集中烧毁或深埋。

4）化学防治。扣棚前结合整地土壤消毒，可选用 50% 扑海因可湿性粉剂 1000 倍；发过病的大棚，扣棚升温后用烟雾剂熏蒸大棚；未发病大棚在末花期熏蒸，每亩大棚用 10% 速克灵烟雾剂 500g，在树行间分 10 个点燃烧，封棚 2 个小时以上再通风，一般熏蒸 2～3 次即可。花前 1 周喷 50% 多菌灵可湿性粉剂 600 倍液；落花后及时喷布 40% 嘧霉胺悬浮剂 1000 倍液。幼果期可选用 70% 甲基硫菌灵可湿性粉剂、50% 多菌灵可湿性粉剂 600 倍液、40% 特克多悬浮剂 1000 倍液或倍量式 160 倍波尔多液进行防治。

⚠ **注意** 针对幼果及果柄均匀喷洒，7 天 1 次，连续喷 2～3 次。

9. 樱桃树枝枯病 >>>>

樱桃树枝枯病是樱桃的一种重要病害，影响树势，可造成枝条大量枯死，在江苏、浙江、山东、河北樱桃产区均有发生。

〔症状〕 皮部松弛稍皱缩，上生黑色小粒点，即病原菌分生孢子器。粗枝染病病部四周略隆起，中央凹陷，呈纵向开裂似开花馒头状，严重时木质部露出，病部生浅褐色隆起斑点，常分泌树脂状物。

〔病原〕 苹果拟茎点霉（*Phomopsis mali* Roberst），属半知菌类真菌。病枝上的小黑点即病菌的子座和分生孢子器。为害樱桃、苹果、梨、李枝干，引起枝枯病。

〔发病规律〕 病菌以子座或菌丝体在病部组织内越冬，条件适宜时产生大量两性分生孢子，借风雨传播，侵入枝条，后病部又产生分生孢子，进行多次再侵染，致该病不断扩展。以 3～4 年生樱桃树受害最为严重。

〔防治方法〕

1）加强果园综合管理，增施有机肥，适时灌水，及时防治病虫害，促使树势强健。发现病枝，及时剪除。

2）冬季束草防冻，减少伤口。

3）在休眠期进行刮胶和除掉腐烂树皮，然后用 3～5 波美度石硫合剂，连续 3 次涂抹病斑，效果明显。

4）药剂防治。抽芽前喷施 1∶1∶100 倍式波尔多液，或 70% 多硫化钡可溶性粉剂 600 倍液，或 12% 绿乳铜乳油 600 倍液。4～6 月喷洒 50% 甲基硫菌灵·硫黄悬浮剂 800 倍液，或 50% 甲基硫菌灵可湿性粉剂 600 倍液，或 53.8% 氢氧化铜干悬浮剂 900 倍液。

10. 樱桃叶点病 >>>>

樱桃叶点病发生普遍，除侵染樱桃外，还可侵染桃、杏、李、梅等核果类果树。

〔症状〕 主要为害叶片，也可侵染果实。初侵染的叶片病斑为浅绿色，终为灰白色斑点，形状不规则、边缘不清晰。后期上面散生许多小黑点，即为病原菌的分生孢子器。病斑出现后，叶片变黄，甚至脱落。

〔病原〕 半知菌亚门叶点霉属（*Phyllosticta sp.*）真菌侵染所致。

〔发病规律〕 该病菌以菌丝体及子实体（分生孢子器）在病残落叶上越冬，第二年 4～5 月产生分生孢子，随风雨传播。从孔口、表皮或伤口侵入致病，尤其在夏季降雨多的年份，或地势低洼、枝条郁闭的果园发病较重。

〔防治方法〕

1）农业防治。合理施肥，增强树势，提高抗病力。加强田间管理，避免田间积水，发病后增加通风，降低田间湿度。

2）人工防治。冬春季清除园内落叶，集中烧毁或深埋，减少越冬菌源。适当增施磷钾肥，勿过施、偏施氮肥。

3）化学防治。花芽萌动前，对树体均匀喷洒 3～5 波美度石硫合剂或 50% 福美双可湿性粉剂 100 倍液；喷药保护新抽叶片，40% 多·硫悬浮剂 500 倍液，70% 甲基托布津可湿性粉剂 600 倍液，50% 扑海因可湿性粉剂 1500 倍液、50% 多菌灵可湿性粉剂或 75% 百菌清可湿性粉剂 600 倍液、70% 代森锰锌可湿性粉剂 700 倍液或 40% 氟硅唑浮油 8000 倍液、25% 腈菌唑浮油 7000 倍液，7～10 天喷 1 次，连喷数次。

11. 樱桃幼果菌核病 >>>>

〔症状〕 幼果期发病重，近成熟期果实发病较轻。病斑初期呈水浸状，条件适宜时病斑迅速扩大，果实腐烂后，表面布满白色渐呈黑色如鼠粪状的菌核。病果多变成僵果，挂在树上或落于地面。

〔病原〕 病原为子囊菌真菌（*Sclerotinia sclerotiorum* de Bary）。

〔发病规律〕 病菌以菌核在树上或地面的僵果表面越冬。第二年樱桃开花期，菌核释放子囊孢子，通过风雨传播侵染果实。

〔防治方法〕

1）农业防治。合理修剪，改善樱桃园通风透光条件，避免湿气滞留；及时清除树上、树下病果，集中烧毁或深埋，以减少菌源。大棚樱桃开花期至果实膨大期将棚内相对湿度控制在60%左右，不宜过高或过低。

2）药剂防治。开花前或生理落果后用47%春雷霉素·王铜可湿性粉剂700倍液、50%多菌灵可湿性粉剂600倍液、50%百菌清可湿性粉剂700倍液喷雾。

12. 樱桃黑霉病 >>>>

〔症状〕 主要发生在运输、销售及在树上过熟的果实，发病初期果实变软，很快暗褐色软腐，用手触摸果皮即破，果汁流出。病害发展到中后期，在病果表面长出许多白色菌丝体和细小的黑色点状物，即病菌的孢子囊（图1-11）。

李晓军摄

图1-11 樱桃黑霉病病果

〔病原〕 病原为接合菌亚门黑根霉菌（*Rhizopus stolonifer*）。

〔发病规律〕 病原孢子借气流传播，通过果实表面的伤口侵入。各种易造成伤口的措施，如采收、包装操作粗放，碰、挤伤等，都为病菌的侵入为害创造了条件；病果与好果接触也能传病。病菌发育适温为 15~25℃，高温高湿利于病害的发生和蔓延。

〔防治方法〕

1）适期采收果实，采收时轻摘轻放，尽量避免造成伤口，减少病菌侵染机会。

2）采收后应将果实运送到阴凉处散热，并将伤果和病果剔除。

3）药剂防治。在樱桃果近成熟时喷洒 1 次 50% 腐霉利可湿性粉剂 1000~1500 倍液，或用 50% 多菌灵可湿性粉剂 800 倍液、70% 甲基硫菌灵可湿性粉剂 700 倍液喷雾，注意交替用药。需长距离运销的果实，应在八成熟时采摘，并用山梨酸钾 500~600 倍液浸后装箱，可减少储运期间病菌的侵染，从而减少发病概率。

13. 樱桃叶斑病 >>>>

〔症状〕 主要为害叶片，有时叶柄、果实也会受到侵染。叶片受害初期产生浅绿色小斑点，后期被侵染叶片正面叶脉间形成褐色或紫色斑（图1-12），中部先死，逐渐向外枯死，病斑形状不规则，边界不清晰，叶背产生粉红色霉层。单个病斑不大，但相互连片后可使叶片大部分枯死，叶片变黄，甚至脱落，时而形成穿孔。

图1-12 樱桃叶斑病

〔病原〕 由真菌（*Blumeriella jaappii* Ayx）侵染引发的病害。

〔发病规律〕 致病菌在病残落叶上越冬。第二年 4~5 月，病残体形成子囊和子囊孢子，随风雨传播，造成侵染，尤其夏季降雨多的年份，或地势低洼、枝条郁闭的果园发病严重。潜育期 1~2 周，表现症状后产生分生孢子，借风雨重复侵染。

〔防治方法〕

1）人工防治。加强樱桃园综合管理，及时排水，增施有机肥，合理修剪，增强树势和提高树体抗病能力。冬春季节，彻底清理落叶并深埋。

2）药剂防治。发芽前，喷施 5 波美度石硫合剂，降低越冬菌源。谢花后至采果前，喷布 1～2 次 80% 代森锰锌可湿性粉剂 800 倍液、70% 甲基硫菌灵超微可湿性粉剂 800 倍液或 75% 百菌清可湿性粉剂 700 倍液；采果后喷布 1:（1～2）:（180～200）倍的波尔多液 1～2 次，可以有效地控制叶斑病的危害。温室可在夜晚释放百菌清烟雾剂或上午喷百菌清粉剂。

14. 樱桃黑斑病 >>>>

黑斑病除为害樱桃外，还为害梨、杏、李、苹果、桃、梅、李及榆叶梅等。

〔症状〕 主要为害果实，常在果柄蒂洼处发病，形成黑色病斑；初期果面上形成黑褐色圆形或不规则斑点，逐渐扩展蔓延，形成大小不一的黑色斑块，其上常伴有轮纹晕圈；后期病患处组织僵硬导致果面开裂，全果变黑，果面严重凹陷或腐烂（图 1-13）；病部表面产生浓密的黑色霉层，最后形成僵果悬挂枝上经久不落，或腐烂病果直接脱落于地表。

李晓军摄

图 1-13 樱桃黑斑病病果

〔病原〕 樱桃黑斑病病原为半知菌亚门，链格孢属的樱桃链格孢（*Alternaria cerasi*），属真菌界无性型真菌。

〔发病规律〕 病原菌以菌丝体或分生孢子盘在枯枝或土壤中越冬，成为第二年发病的主要侵染源。第二年 5 月中下旬开始侵染发病，7～9 月为发病盛期。分生孢子借风雨或昆虫传播、扩大再侵染。雨水是病害流行的主要条件，降雨早而多的年份，发病早而重。低洼积水处，通风不良，光照不足，肥水不当等有利于发病。

⚠️ **注意** 风雨、暴晒、虫害、自然采摘和运输等原因容易造成果面形成伤口，进而导致病害发生严重，因此重视防虫和减少人为机械伤口的形成能减少病害发生。

〔防治方法〕

1）农业防治。加强栽培管理，注意整形修剪，通风透光。

2）人工防治。秋后清除枯枝、落叶，及时烧毁，消灭越冬病原。加强综合管理，改善立地条件，增强树势，提高树体抗病力。

3）化学防治。休眠期喷1次5波美度石硫合剂或0.3%五氯酚钠原粉。新叶展开时，喷50%多菌灵可湿性粉剂600倍液，或50%退菌特可湿性粉剂500~800倍液，或80%代森锰锌可湿性粉剂500倍液，7~10天喷1次，连喷3~4次。

15. 樱桃根癌病 ＞＞＞＞

根癌土壤杆菌的寄主范围非常广泛，除为害樱桃外，还为害葡萄、苹果、桃、李、梅、柑橘、柳树、板栗等93科643种植物。

〔症状〕 根癌病也称冠瘿病，受侵染樱桃树的根颈部、主根和侧根均能形成大小不一的肿瘤。病菌易从伤口侵入，在致病菌刺激下细胞加速分裂，形成瘤状突起，初期灰白色，光滑柔软。随果树生长，瘤体不断增大，外层细胞死亡，颜色加深，渐变为褐色至深褐色，表面粗糙或凹凸不平内部组织木质化形成较坚硬的瘤，并逐渐龟裂，多为球形或扁球形，严重时主根变成大根瘤（图1-14）。樱

图1-14 樱桃根癌病

桃受害部位形成冠瘿后，染病的苗木早期地上部症状不明显，随病情发展，根系发育受阻，细根少，树木输导组织受到影响，树势衰弱，病株矮小，叶色黄化，提早落叶，严重时造成全株干枯死亡。

【病原】 病原为根癌土壤杆菌 [*Agrobacterium tumefaciens* (Smith et Towns) Conn.]，生物型 2 为优势种群，占 69.57%，其余为生物型 1。

【发病规律】 致病菌在癌瘤组织内越冬，或在癌瘤破裂脱皮进入土壤中越冬。致病菌存活时间长，在未分解病残体上存活 2～3 年，在土壤中单独存活 1 年，随病残体分解而死亡。病菌主要通过伤口侵入，修剪、嫁接、扦插、虫害、冻害或人为造成伤口，病菌都能侵入。土壤湿度大和土温为 22℃时，最适于发病。碱性土、土壤黏重、排水不良时，发病重。

⚠ 注意 ①雨水和灌溉水是传播的主要媒介，地下害虫、修剪工具、病残组织及带菌土壤也可传病，苗木或接穗运输是远距离传播的重要途径。②中国樱桃作为砧木很少发病，酸樱桃、山樱桃、实生甜樱桃作为砧木发病重，考特砧发病尤重。

【防治方法】

1）选用抗病砧木。目前，国内外生产上常用的樱桃砧木如中国樱桃、莱阳矮樱、马哈利、吉塞拉、考特、大青叶、酸樱桃等均能不同程度地感染根癌病。

📢 提示 生产上在考虑其他性状的同时，选择樱桃砧木也需要考虑其对根癌病的敏感性，应选择大青叶、莱阳矮樱、酸樱桃等较为抗病的砧木。

2）选择合适的苗圃地。建立樱桃种植园，除考虑灌溉、排水、土质肥沃疏松等条件，尽量避免选择重茬种植园，特别是曾经发生过根癌病的果园和老苗圃地不能作为育苗基地。

📢 提示　可选择前茬种植玉米、小麦等大田作物的地块作为苗圃，老果园可种植1～2年豆科植物后再考虑建园。

3）苗木检疫和消毒。严禁从病区引栽苗木，移栽定植前对苗木进行严格的检查和消毒，染病苗木彻底销毁。栽植苗木前，根部用2倍K84液浸泡；或用1%硫酸铜溶液浸根5min，再置于2%石灰水中浸根1min；或用3%次氯酸钠液浸3min进行消毒。浸根消毒时药液浸至苗木嫁接口以下，以杀死附着在根部的病原菌。

4）加强田间管理。尽量避免大水漫灌，降雨后及时排水松土，增加土壤透气性。如有条件可采取滴灌、渗灌等技术，防止病菌随水传播。在施肥方面，尽量多施农家肥、生物菌肥，提高土壤酸度，使土壤环境不利于病菌生长，增强树体抗病性。除草、施肥等农事操作时尽量防止造成根系伤口。发现病株及时刨除并清除所有病根。及时防治地下害虫，如蛴螬、线虫等，防止树体根部受到伤害，以免病菌侵染。

5）药剂防治。苗木出土时，用"根癌灵"（K84）进行蘸根处理（1份菌剂兑2份水），或用1%硫酸铜液浸根5min，再用2%石灰水浸根1min，这样可减少发病株率。发现病株后，用快刀彻底切除病瘤并烧毁，然后用1%～2%硫酸铜液、3%琥珀酸铜胶悬液300倍液、5波美度石硫合剂涂抹消毒，并用100倍液多菌灵灌根。病重者要拔除销毁病株，然后用100倍70%五氯硝基苯粉剂或1%硫酸铜液进行土壤消毒。

16. 樱桃细菌性穿孔病 ▷▷▷▷

樱桃细菌性穿孔病是樱桃发生普遍、危害严重的一种病害，若不及时防治，常引起早期落叶，营养储藏少，树势弱，花芽分化差，果实产量和品质降低，甚至发生冻害。

〔症状〕　主要为害叶片，也可侵染枝梢和果实。叶片受害，病斑初期形成水浸状小斑点，后扩大成圆形、多角形或不规则形，直径2mm左右，病斑变成紫褐色或黑褐色，边缘角质化，周围有黄绿色晕圈。病斑生有黑色小粒点，即分生孢子块和子囊壳，最后病健交界处发生一圈裂纹，干枯，病组织干枯脱落，形成穿孔（图1-15、图1-16）。有时数个病斑相连，形成一个大斑，焦枯脱落而穿孔，其边缘不整齐。枝条染病后，一是产生春季溃疡斑，发生于上年已被侵染的枝条上，春季当新叶出现时，枝梢上形成暗褐色水渍状小疱疹块，扩大后可造成枯梢现象。二是产生夏季溃疡斑，夏末在当年嫩枝上产生水渍状紫褐色斑点，多以皮孔为中心，圆形或椭圆形，中央稍凹陷，最后皮层纵裂后溃疡。夏季溃疡斑不易扩展，但病斑多时，也可致枝条枯死。侵染果实，在果实表面出现褐色至紫褐色病斑，边缘水渍状；天气潮湿时，病斑上常出现黄白色黏质分泌物；干燥时，病斑及其周围常发生小裂纹，严重时产生不规则大裂纹，裂纹处常被其他病菌侵染而引起果腐。由黄单胞杆菌引起的病斑晕圈较为明显，穿孔较圆而小；假单胞杆菌引起的病斑晕圈不明显，穿孔呈不规则形。

图1-15 樱桃细菌性穿孔病（一）

图1-16 樱桃细菌性穿孔病（二）

〔病原〕 樱桃细菌性穿孔病主要是由黄单孢杆菌 [*Xanthomonas pruni* (Smith) Dowson] 或假单胞杆菌（*Pseudomonas syringae* pv. *syringae* van Hall）侵染所致，有时两者混合发生。

〔发病规律〕 致病菌在病叶或枝梢上越冬。第二年樱桃开花前后，病斑表皮破裂，细菌从病组织中溢出，借风雨或昆虫传播，经叶片的气孔、枝条和果实的皮孔侵入，发生初侵染。

⚠️ **注意** 5月叶片开始发病，温暖、多雨季节或多雾天气易造成病害流行。树势衰弱，通风透光不良，或偏施氮肥的樱桃园发病重。

〔防治方法〕

1）农业防治。加强樱桃园管理，控制氮肥，增施有机肥和磷钾肥，增强树势，提高树体的抗病能力。合理整形修剪，改善通风透光条件。避免樱桃、桃、李、杏等果树混栽，以防病菌交互传染。

2）人工防治。秋冬季节，及时剪除病枝、清扫落叶，集中烧毁或深埋，减少越冬菌源。春季发芽前，喷1次3~5波美度的石硫合剂。

3）化学防治。樱桃发芽前（萌芽期），喷布一次1:1:100倍波尔多液或4~5波美度石硫合剂，消灭越冬菌源。谢花后、新梢速长期，每隔15天喷一次25%叶枯唑可湿性粉剂500~600倍液、1000万单位农用硫酸链霉素原粉3000~5000倍液，或77%可杀得可湿性粉剂800倍液。采果后，喷1:（1~2）:200倍的波尔多液，可取得良好防效。

17. 樱桃木腐病 >>>>

〔症状〕 樱桃树木腐病典型症状是在病部着生小型子实体。发生部位多在枝或干的冻伤、虫伤、机械伤等各种伤口部位。子实体均为担子菌类，其形状因侵染菌不同而有差异，有的呈马蹄形或中央高出呈馒头状，菌盖坚硬，表面最初光滑，黄褐色至灰褐色，老熟后稍有裂纹，暗褐色至浅黑褐色，边缘圆钝；有的膏药状附于树干上，黄褐色，老后龟裂；有的群聚生呈覆瓦状，半圆形、扇形或贝壳形（图1-17、图1-18）。发生该病一般仅影响树势，严重的也见毁枝、毁干，但造成死枝死树多是与其他病因交织作用所致。

〔病原〕 樱桃树木腐病菌是由担子菌亚门的真菌 [1. *Polyporus* spp. ; 2. *Schizophyllum commune* Fries; 3. *Fomes fulvus* (Scop.) Gill. ;

4. *Poria vaillantii*（DC. ex Fr.）Cooke〕侵染所致。

图1-17 樱桃木腐病

图1-18 樱桃木腐病局部图

〔发病规律〕以菌丝体在受害木质部潜伏越冬，第二年春天子实体上产生的担孢子随风雨飞散传播，经锯口、蛀口及其他伤口侵入。树势衰弱或濒临死树易感病。

〔防治方法〕

1）加强果园管理，增施有机肥料，科学追肥，合理修剪。增强树势。对重病树、衰老树、濒死树，要及时挖除烧毁。

2）果树休眠期至萌芽前，将10kg水和1kg食用盐同时放到锅中烧开，冷却后刷在病株木腐处，15天后再刷一次，可有效杀死病菌，把果树彻底治好。

3）保护树体，减少伤口。对锯口要涂波尔多液或煤焦油、1%硫酸铜液。

4）果园不要连作，即苹果、梨、桃等果园，将老果树砍伐后，要用豆类等农作物轮作至少3年后，再建樱桃园；不要砍伐后在原址立即建新园。

18. 樱桃树烂根病 >>>>

由樱桃树根部病害引起的根部腐烂通称为烂根病。这类病害主要有白绢病、白纹羽病、紫纹羽病、根朽病和圆斑根腐病等。

〔症状〕

1）白绢病。又叫"烂葫芦"，主要发生于靠近地面的根颈部。

发病初期，根颈表面形成白色的菌丝体，表皮呈现水渍状褐色病斑。菌丝继续生长，直至根颈全部覆盖着如丝绢状的白色菌丝层，故名白绢病。在潮湿条件下，菌丝层能蔓延至病部周围的地面。当病部进一步发展时，根颈部的皮层腐烂，并溢出褐色汁液，有酒糟味。高温、高湿、积水环境发病重，根颈处培土，发病尤其严重。1～3年生幼树受害后很快死亡，成龄果树当病斑环茎一周后，可导致树体突然死亡。患病樱桃树叶片小且黄，果量少，果青色，往往在春季正常发芽、开花和坐果，但夏季突然全株死亡。

2）白纹羽病。根系受害初期，细根霉烂，以后扩展到侧根和主根。病根表面缠绕有白色或灰白色丝网状物，即根状菌索。后期，烂根的柔软组织全部消失，外部的栓皮层如鞘状套于木质部外面。有时在病根木质部长出黑色圆形的菌核。地上部近土面根际处出现灰白色或灰褐色的绒布状物，此为菌丝膜，有时形成小黑点，即病菌的子囊壳。

在潮湿地区，菌丝可蔓延至地表呈白色蛛网状；菌丝体中具羽纹状分布的纤细菌索。染病树树势极度衰弱，树体发芽迟缓，半边叶片变黄或早落、枝条枯萎，严重时整株枯死。

3）紫纹羽病。主要为害根部，苗木、幼树、成龄树均可受害。首先侵染细支根，逐渐蔓延至根颈、主根。发病初期，根表皮出现不规则病斑，黄褐色，颜色较健部颜色深，但内部皮层组织已变成褐色。很快发病根表面缠绕紫红色网状物，后期表面生紫红色、半球形核状物，病根周围也可见到菌丝体。病根皮层腐烂，变为黑色，具浓烈蘑菇味，但表皮仍完好地保留在树体上，可滑动脱落，最后木质朽枯。发病轻时，树势衰弱，叶黄早落；发病重时，枝条枯死甚至全株死亡。

4）根朽病。根朽病主要造成主侧根和根颈处腐烂。病树地上部表现为局部或全株叶变小、薄，自上而下黄化以至脱落，新梢变短，最后导致整株枯死。病树根颈部及根部皮层腐烂，在皮层内、皮层与木质部之间充满白色至浅黄色的扇状菌丝层，木质部呈白色海绵状腐朽，并有蘑菇香味。病组织可在黑暗处发出蓝绿色的荧光。

>>>>>>>>>>>>

5）圆斑根腐病。圆斑根腐病由镰刀菌属的真菌为害所致。病树展叶后，叶片萎蔫向上卷，叶小，色浅，花蕾皱缩不开，枝条失水状；或叶片青干，叶缘枯焦。围绕须根的基部形成红褐色的圆斑，病斑进一步扩大加深，可深达木质部，致使整段根变黑死亡。病健组织交界处反复形成愈伤组织，造成根部表面凹凸不平，是本病特有症状特征。

【病原】 病原菌有：白绢病菌［*Pellicularia rolfsii*（Sacc.）West.］，属于担子菌亚门真菌，无性时期（*Sclerotium rolfsii* Sacc.）属于半知菌亚门；白纹羽病菌［*Rosellinia necatrix*（Hartig）Berlese］，属于子囊菌亚门真菌；紫纹羽病菌（*Helicobasidium mompa* Tanaka），属于担子菌亚门真菌；根朽病菌［*Armillariella tabescens*（Scop. et Fr）Sing.］，属担子菌亚门真菌；圆斑根腐病菌（*Fusarium sp.*），属半知菌亚门真菌。

【发病规律】 白绢病菌以菌丝体在病树根颈部或以菌核在土中越冬，土壤中的菌核可存活 5 年以上。经雨水、农事操作、灌溉等方式传播蔓延，并可通过苗木远距离传播，后从根颈部伤口或嫁接处侵入，造成根颈部的皮层及木质部腐烂。高温高湿利于白绢病发生发展，尤其多雨季节。另外，果园低洼积水、培土过厚、定植过深均可加重该病害的发生。

白纹羽病菌和紫纹羽病菌以菌丝体、根状菌索或菌核随着病根在土壤里越冬；白纹羽和紫纹羽病菌主要依靠病、健根的接触而传染，此外灌溉水和农具等也能传病；病菌的根状菌索能在土壤中生存多年，并能横向扩展，侵害邻近的健根。伤口利于病害发生。土壤板结、积水，土壤瘠薄、肥水不当等条件均可以加重病害的侵染与扩展。低洼积水果园发病重。树体衰老或树势很弱的果树易发生该病。

根朽病菌以菌丝体在病树根部或随病残体在土壤中越冬。病菌寄生性较弱，只要病残体不腐烂分解，病菌就可长期存活。病菌在田间扩展主要依靠病根、健根的接触和病残组织的转移。

圆斑根腐病菌为土壤习居菌或半习居菌，在土壤中主要以腐生方式生活，致病力不强，一般在开春果树根部萌动时发生危害，主要是果树根系遭受土壤中腐生存活的多种镰刀菌侵染而发病。因此，在管理粗放、不注意除草治虫、化肥施用过量而有机肥不足的果园发病较重，在干旱、缺肥、土壤盐碱化及土壤板结的果园发病也较重。

几种病菌的寄主范围很广，除为害多种果树外，有些林木也能受害，故旧林地改建的果园，发病严重。土壤有机质缺乏、树势衰弱、定植过深或培土过厚、耕作不慎伤害根部较多的果园发病较重。

⚠ **注意** 根据黄河故道地区调查，刺槐是紫纹羽病菌的重要寄主，接近刺槐的樱桃园易发生紫纹羽病。土壤高湿对发病有利。所以，排水不良的果园和苗圃发病较重。

〔防治方法〕

1）农业防治。加强栽培管理，增强树势，提高抗病力。增施有机肥料，提高土壤肥力。盛果期，低洼潮湿果园或地块应注意排水。疏花疏果，调节果树负载量，加强对其他病虫害的防治，以增强树体抗病力。

2）人工防治。在病区或病树外围挖 1m 深沟可隔离或阻断菌核、根状菌索和病根传播。刺槐是紫纹羽病菌的重要寄主，可随刺槐根进入果园，对已侵入果园的刺槐根系应彻底挖除，以免病菌传播。

3）化学防治。

① 选栽无病苗木。起苗或调运时，要认真检查，剔除病苗。在育苗和建园时，不在生长有柳树的河滩地、其他旧林迹地、过去育过苗并发现病害的苗圃地等处育苗或建园。该病可通过受侵染的樱桃苗木进行远距离传播。调运苗木时，应严格检查，彻底剔除病苗。新栽苗木可用10%硫酸铜溶液或20%石灰水、70%甲基硫菌灵可湿性粉剂500倍液浸1h后再栽植。也可用47℃恒温水浸40min或45℃恒温水浸渍1h，以杀死苗木根部带的病菌。

② 土壤消毒灭菌。一般选用70%五氯硝基苯可湿性粉剂800倍液或硫酸铜500倍液，0.5~1波美度的石硫合剂，70%甲基托布津可湿性粉剂500~800倍液，50%代森铵水剂500倍液等，在樱桃树萌芽和夏末进行两次灌根。也可选用农抗120等生物制剂，既可杀菌，又可营养树体。

③ 药剂防治。对生长不正常的果树及时检查治疗，扒土晾根，并刮除病部和涂药。局部皮层腐烂的，用小刀彻底刮除病斑或用喷灯灼烧病部，彻底清除病菌。清除病菌后，选用50%代森铵水剂100倍液、20%三唑酮乳油1000倍液灌根或40%五氯硝基苯粉剂50~100倍毒土撒施处理病株周围土壤。或单株采用"海藻酸250mL＋30%恶霉灵12g＋诺泰克150g"兑水30kg，树盘灌根。分别于3~4月和6~7月各灌一次，灌根后不培土，继续晾根，直到封冻前。铲除发病严重的果树，并将病残根烧毁。

⚠ **注意** 对于患病树，尽量少施化学肥料，可施用充分腐熟的生物菌肥和有机肥，严禁环切和环剥。

19. 樱桃褪绿环斑病毒病 >>>>

〔症状〕 潜伏期较长，一般病毒侵染1~2年后，春天叶片上出现浅绿色或浅黄色环斑、斑点或条斑。该病分为慢性型症状和急性型症状两种。慢性型症状是当年只是个别枝梢显症。急性型症状仅在被侵染的第二年出现，且很快隐蔽不显。有些品种的叶片患病后斑点很小，呈针尖状。在圆叶樱桃树叶上产生褪绿环纹、斑点或褪绿的栎叶状斑纹（图1-19）。

图1-19 樱桃褪绿环斑病毒病

〔病原〕 病原为洋李矮缩

病毒，褪绿环斑病株系 PDV。

【发病规律】 通过嫁接、花粉、种苗调运等途径传染。若接穗带有病毒，可导致嫁接成活率大幅降低，接穗枯死；若结果树染病，病株生长量和产量明显降低，最多可减产 90% 以上。

【防治方法】

1）加强农业防治。一定要选用无病毒接穗来嫁接苗，新植苗木严格使用无病毒苗木。若成龄果树发现病株，随即砍伐掉，且避免有毒花粉传播病毒。

2）药剂防治。染病初期及时喷洒 0.5% 抗病毒 1 号水剂 300 倍液或 10% 抑病灵水剂 500 倍液、4% 嘧肽霉素水剂 200 倍液、1.5% 植病灵乳油 800 倍液、5% 菌毒清水剂 200 倍液、20% 病毒 A 可湿性粉剂 500 倍液等，可缓解病情。

20. 樱桃坏死环斑病毒病 >>>>

【症状】 常在早春少数嫩叶上产生症状，病害分为慢性型症状和急性型症状两种。慢性型症状起初在叶片上呈现浅绿色至浅黄色环斑或条斑，在环斑内部形成坏死斑点，褐色，以后坏死斑破碎脱落成穿孔。急性型症状往往出现在染病的第 1~2 年，产生的病斑较大，坏死斑布满整个叶面；当寄主为感病品种，病毒为强毒株系，坏死斑可迅速扩延至整叶，以后叶肉组织破碎脱落，仅留叶脉，可引起幼树死亡。

【病原】 病原为李属坏死环斑病毒 PNRSV。

【发病规律】 毒原常在树体上存在，具有前期潜伏及潜伏侵染的特性。主要由嫁接传染，也可经花粉、种子传播，多与李矮病毒复合侵染。园中若有病树存在，一周内即可感染全园。不同品种间樱桃李属坏死环斑病毒病发病程度存在差异，国外引进品种重于当地品种；随着树龄增加，发病越重。

【防治方法】

1）强化检疫措施，建园时要选用无毒苗。使用无病毒繁殖材料、防治传播介体是最重要的两个防治途径。

2）控制病毒原和传播介体。一旦发现病株，立即去除，并清除周围潜在感染病毒的杂草。已经大面积发生且没法根除的病区设法隔离，防止病毒通过苗木调运或线虫向外传播。

3）减少侵染病毒原。增施有机肥，合理修剪与负载，增强树势，提高抗病力，及时清除枯枝落叶、病果、僵果等，深埋或烧掉。

4）药剂防治。可选用 20% 病毒 A 可湿性粉剂 500 倍、5% 菌毒清水剂 200 倍液等产品缓解病情。

21. 樱桃小果病（病毒病）>>>>

〔症状〕 主要为害果实，延迟果实成熟，同一枝上果实成熟差异较大，也可为害叶片。病果暗红色，严重时浅红色。生长初期，病果生长正常，采收期果尖锥形，果肩多成三角形，比健果明显小，仅有健果 1/3 ~ 1/2 的大小（图 1-20）。在某些甜樱桃品种上，晚夏或初秋时叶片也可出现典型症状，叶缘向上卷曲，叶脉之间呈青铜色或紫红色，叶片主脉和中脉处仍为正常绿色，枝条基部的叶片先变红发病，以后扩展至整株叶片。

图 1-20　樱桃小果病

〔病原〕 主要由两种樱桃小果病毒引起。一种可通过苹果粉蚧传播，两种病菌均可通过芽接或嫁接传染。

〔发病规律〕 该病毒可经嫁接，苹果粉蚧、康氏粉蚧等介壳虫，带病毒繁殖材料等方式传播。基本上所有甜樱桃品种均对樱桃小果病毒有敏感性，带病毒株多、介壳虫危害重的果园发病重，患病植株树势衰退，导致果实品质降低和产量下降。

〔防治方法〕

1）栽培无病毒苗木。在 37 ~ 37.5℃ 恒温下热处理樱桃苗 21 ~ 28 天，可脱去小果病毒。

2）铲除病树。在苗圃及大棚内，要及时拔除、烧掉患病病苗或病树。

3）及时药剂防治苹果粉蚧、康氏粉蚧等介壳虫，可减少该病发生。

4）发病初期，喷施 83 增抗剂 50 倍液或 0.5％抗病毒 1 号水剂500 倍液等。

22. 樱桃裂果病 >>>>

〔症状〕 主要为害果实。由于水分供应不均匀，或后期天气干旱，突然降雨或浇水，果树吸水后果实迅速膨大，果肉膨大速度快于果皮膨大速度而造成裂果（图 1-21）。裂果主要有 3 种类型，即横裂、纵裂和三角形裂。

〔病因〕 一种生理性病害，内部与外部诸多因素共同作用的结果。一是果实通过果

图 1-21　樱桃裂果

实和维管系统吸收水分，导致体积膨胀并产生膨压；二是控制细胞膨胀机理和果皮破裂应力决定了果实裂果敏感性。

〔发病规律〕 果实成熟期遇降雨，裂果病发生严重。品种间裂果程度呈现差异，滨库品种裂果发生重，先锋、拉宾斯、雷尼尔、萨姆等品种发生轻。

〔防治方法〕

1）因地制宜，选择适宜当地气候条件的优良品种作为主栽品种，在果实其他品质相差不大情况下，选择抗裂性强的品种。

2）避雨栽培。选择温室、大棚、简易防雨棚等物理屏障减少气候条件的影响，且可减少其他病害的发生程度。

3）加强水分管理。通过适时适量灌溉，有条件的果园采用滴

灌、喷灌等节水技术，稳定土壤水分状况，减轻裂果。

4）成熟果实遇雨后抢摘是减少经济损失的重要措施。

5）补充外源钙，减轻裂果病发生程度。一是根系补钙。秋冬季或开春后，在每棵果树根系分布区挖 2～3 个小坑，深度 20cm，每个坑埋入 0.25kg 生石灰，然后用土掩埋。二是叶面补钙，喷施 0.15% $CaCl_2$ 溶液。

23. 缺氮症 >>>>

〔症状〕缺氮新梢细瘦，叶片浅绿，较老的叶片呈紫色或橙色，果小皮硬，含糖量虽相对提高，但产量很低（图 1-22）。

〔防治方法〕追施氮肥。尿素每次施肥量：幼树 0.1～0.4kg/株，盛果期树 0.5～1kg/株。

图 1-22　樱桃缺氮症

24. 缺磷症 >>>>

〔症状〕新梢中部叶片边缘和脉间褪绿、起皱、卷曲，随后叶片呈浅红或紫红色，叶缘焦枯、坏死。小枝纤细，花芽少。果实少而小（图 1-23）。

〔防治方法〕对缺磷果树，应多施颗粒磷肥或与堆肥、厩肥混施。过磷酸钙每次施肥量：幼树 0.1～0.4kg/株，盛果期树 0.5～1kg/株。

图 1-23　樱桃缺磷症

25. 缺钾症 >>>>

〔症状〕叶片边缘枯焦，从新梢的下部逐渐扩展到上部，中夏至夏末在老树的叶片上先发现枯焦。有时叶片呈青（铜）绿色，进而叶缘与主脉呈平行卷曲，随后呈灼伤状或死亡。果小，着色不良，易裂果（图1-24）。

〔防治方法〕生长季节喷施0.2%～0.3%的磷酸二氢钾，或土壤追施硫酸钾，或在秋季施基肥时掺混其他钾肥。

图1-24　樱桃缺钾症

26. 缺镁症 >>>>

〔症状〕缺镁影响叶绿素形成，呈现失绿症，老叶叶脉间及叶边缘失绿黄化，严重时病叶整体黄化脱落，采前引起落果，并可影响樱桃出现大小年现象（图1-25）。

〔防治方法〕抓住关键补充时期：果实膨大期、果实转色期、果实采摘后、秋梢期。

图1-25　樱桃缺镁症

1）根系补镁。施用农家肥、土杂肥时，将100kg/亩的煤灰混入肥料中，在果园中以放射形条状沟施到土壤中。

2）叶面补镁。在樱桃采收前20天左右，全树喷施0.2%～0.4%硫酸镁溶液。

27. 缺锰症 >>>>

〔症状〕叶片主脉间呈现暗绿色带，叶脉间和叶缘褪绿，老叶尤为明显（图1-26）。

〔防治方法〕当树体出现缺素症状时要及时防治，叶面喷施硫酸锰见效快，时间短，要每隔15～20天左右喷1次。土壤中

图1-26　樱桃缺锰症

追施肥效长，效果较好。

28. 缺铁症 >>>>

〔症状〕引起黄叶病，初发病时，新梢顶端叶片变黄，叶脉两侧及下部老叶仍为绿色。发展严重时，整树新梢嫩叶失绿，全叶变黄白色，且出现茶色坏死斑，上部小叶早落，光秃，数年后树势衰弱，树冠稀疏，甚至整树死亡（图1-27）。

图1-27 樱桃缺铁症

〔发病规律〕碱性土壤果园发生较为普遍，主要由于在碱性土壤中可溶性铁被固定，根系不能吸收，导致植株缺铁现象。

〔防治方法〕

1）地上喷施。出现黄叶病时，喷施0.4%硫酸亚铁溶液。

2）改善土壤pH。土壤增施有机肥料（每株100～150kg）和酸性肥料，例如酒糟、醋糟（每株50～100kg）、过磷酸钙（每株3～5kg）、硫酸亚铁（每株200～300g）、石膏（每株1～1.5kg）等。注意，硫酸亚铁和过磷酸钙要掺入有机肥料中使用，以防被土壤固定失效。

29. 缺锌症 >>>>

〔症状〕新梢顶端叶片狭窄，枝条纤细，节间短，小叶丛生，呈莲座状，质地厚而脆，有时叶脉呈白或灰白色。严重时，新梢由上而下枯死，有时叶片脱落早形成顶枯，果实小（图1-28）。

图1-28 樱桃缺锌症

〔发病规律〕强酸性土壤，有机质土，冷湿气候，土壤富含磷等条件加剧缺锌症的发生。

〔防治方法〕在春季樱桃萌芽前，选用 0.2% ~ 0.4% 硫酸锌溶液，一般喷施 2 ~ 3 次，每次间隔 7 ~ 10 天，或用 3% 硫酸锌溶液涂刷一年生枝条 1 ~ 2 次。

30. 缺铜症 >>>>

〔症状〕叶面上出现微小白点或枝枯。

〔防治方法〕不必单独补充，只要确保每年喷施两次波尔多液即可。

31. 缺硼症 >>>>

〔症状〕硼素缺乏一般在果实上表现得症状较为明显，症状轻微时，果梗短，结实率低；随着症状的持续，花芽发育不良，即使开花也几乎不结果；果实膨大期，果实表面可产生数个硬斑，逐渐木栓化，形成畸形果或称缩果症。

〔病因〕由于土壤中水溶性硼素含量不足，或由于干燥等原因使硼素的吸收受阻。硼素影响果胶质的生成，果胶质形成细胞膜，一旦缺乏，细胞膜的形成受阻，停止生长，而且水分和钙的吸收、移动也转慢。在新细胞中钙不足，新芽和果的细胞液变成强酸性，生长受到阻碍。经常施用化肥而有机肥少施或不施，导致土壤酸化，利于硼素溶脱。

〔发病规律〕沙土，土壤富含氮或钙，干旱或冷湿气候等条件利于樱桃缺硼症的发生。

〔防治方法〕

1）叶面喷施硼肥。用 0.1% ~ 0.3% 硼砂液加上等量的生石灰，花前、末花期和落花后各喷 1 次。

2）土壤施用硼肥。施用有机肥时，每株施硼酸 180g。在萌芽前和幼果膨大期，两次喷施海藻精 800 倍稀释液加 0.3% 硼砂水溶液 150g，均匀撒施，加入沙等增量剂。

二、樱桃虫害

1. 黑腹果蝇 (*Drosophila melanogaster*) >>>>

黑腹果蝇又名果蝇，是一种为害多种水果的腐食性害虫，特别喜欢成熟腐烂的果树，可为害樱桃、桃、苹果、葡萄、梨、杏等多种果树，以晚熟和软肉樱桃品种受害较重，且近几年为害逐渐加重。受害果面上有针尖大小的蛀孔，虫孔处果面凹陷、色深；幼虫在果内取食果肉，排粪便于果内，受害果软化逐渐腐烂（图2-1）。

〔形态特征〕

1）成虫。复眼红色。雌虫体长2.5mm左右，虫体为黄褐色，腹部末端有黑色横纹；雄成虫较雌虫小，有深色后肢。

2）幼虫。呈蛆状，头、胸呈黑褐色，腹部为白色或污白色（图2-2）。

图2-1　樱桃果蝇为害果实症状

图2-2　樱桃果蝇幼虫

3）蛹。蛹壳半透明，呈黄褐色，长椭圆形，蛹的前端有一呼吸管。

〔生活史和习性〕　一年发生10余代，以蛹在土壤内、烂果或果壳内越冬，第二年3月开始活动。5～6月是其产卵盛期和为害盛期。成虫将卵产在成熟的果实表皮下，1～2天便孵化为害，一个受害果实内可有多只幼虫。幼虫在果实内取食5～6天后脱果落地化蛹。樱桃采收后，果蝇转向相继成熟的杏、桃、李、苹果、葡萄等果实上继续为害，10～11月老熟幼虫在土中以蛹越冬。

[防治方法]

1）药剂防治。在成虫发生危害期，用50%辛硫磷乳油1000倍液、20%灭蝇胺可溶性粉剂1200倍液、2.5%氯氟氰菊酯乳油2500倍液喷药防治。

2）清除落地果。采收期将落地烂果拣尽掩埋，避免其上残留果蝇成为虫源。

3）诱杀。在成虫发生期利用果蝇成虫趋化性，用敌百虫：糖：醋：酒：清水为1:5:10:10:20，配制成糖醋诱饵液，诱杀成虫。

2. 梨小食心虫 (*Grapholitha molesta*) >>>>

梨小食心虫俗名梨小，是为害樱桃、李、桃、杏、苹果、梨等果树的主要害虫，以幼虫钻蛀方式为害新梢和果实，在李、桃、杏、樱桃上主要为害新梢，造成新梢顶端萎蔫干枯（图2-3）。

[形态特征]

1）成虫。体长5~7mm，体呈灰褐色。前翅前缘有8~10条白色斜纹，外缘有10个小黑斑，中央偏外缘1/3处有1个明显的小白点。

2）卵。卵呈扁椭圆形，中央稍隆起，初产时乳白色，后渐变成浅黄色。

3）幼虫。低龄幼虫体为白色；老熟幼虫体长10~13mm，头褐色，前胸背板黄白色，体浅黄白色或粉红色（图2-4）。

图2-3　梨小食心虫为害症状

图2-4　梨小食心虫幼虫

4）蛹。体长约7mm，长纺锤形，黄褐色，蛹外包有白色丝质薄茧。

〔生活史和习性〕 梨小食心虫在东北及河北发生3～4代，在山东、河南、安徽、江苏、陕西发生4～5代，在四川发生5～6代，在江西、广西发生6～7代，以老熟幼虫在树干、主枝、根颈等部位的粗皮缝隙内，落叶或土中结茧越冬。第二年春季4月上、中旬开始化蛹，越冬代成虫发生期在4月中旬至6月中旬，第一代成虫发生期在5月下旬至7月上旬。在樱桃园，第一代和第二代幼虫主要为害新梢，第三代以后大部分幼虫转移到梨或苹果果实上为害，少数晚熟樱桃果实也可受害。在仁果和核果类果树混栽或毗邻的果园，梨小食心虫为害严重。

成虫对糖醋液（红糖:醋:白酒:水 =1:4:1:16）和烂果有趋性。为害新梢时，成虫产卵于嫩叶背面的主脉两侧。幼虫孵化后从新梢顶端蛀入，先向下蛀食，一直到达老化的木质部，以后幼虫再转移到另一新梢为害。1只幼虫可为害2～3个新梢，幼虫老熟后爬向枝干粗皮等处化蛹。

〔防治方法〕

1）人工防治。刮除树干和主枝上的翘皮，消灭在树皮缝隙中越冬的幼虫；同时清扫果园中的枯枝落叶，集中烧掉或深埋于树下，消灭越冬幼虫。在果树生长前期，及时剪除受害梢，减少虫源，减轻对果树生长后期的危害。

2）诱杀成虫。利用成虫对糖醋液、梨小食心虫性外激素有强烈趋性的习性，进行测报和诱杀。一般每亩地挂诱芯5～10个，在成虫发生期可诱集到大量的雄成虫。在果园中设置糖醋液加少量敌百虫，诱杀成虫。

3）生物防治。

📢 **提示** 5月下旬至6月上旬，在梨小食心虫越冬幼虫出土前，采用机动或手动喷雾器在果园地面喷施线虫。施用昆虫病原线虫（1亿~2亿条/亩），施用前，清除树冠下的杂草，把地整平，以免积水。在地面全树盘范围内喷施线虫。由于食心虫多在距树干1m范围内的土中，其余的在距树干1m外的树冠下，因此在距树干1m之内喷施线虫多些，1m外喷施少些，但要喷施均匀，不漏喷。

4）化学防治。常用药剂有48%毒死蜱乳油1500倍液，2.5%溴氰菊酯乳剂2500倍液或20%氰戊菊酯乳剂3000倍液，10%氯氰菊酯乳油2000倍液，25%灭幼脲3号胶悬剂1500倍液。

⚠️ **注意** 最好用糖醋液或性外激素诱捕器预测成虫发生期以指导药剂防治。成虫发生高峰期后2~4天即为卵高峰期和幼虫孵化始期，此时喷药效果最好。

3. 樱桃瘿瘤头蚜 (*Tuberocephalus higansakurae*) >>>>

　　樱桃瘿瘤头蚜分布于北京、河北、山东、河南、陕西、浙江等地。寄主只有樱桃。樱桃瘿瘤头蚜为害叶片，受害叶片顶端或侧缘形成花生壳状绿色稍带红色的伪虫瘿，蚜虫在虫瘿内为害、繁殖，受害叶背面凹陷，叶面突起呈泡状。虫瘿初呈黄绿色，微显红色，后变为枯黄色、干枯（图2-5）。

〔形态特征〕

1）无翅胎生雌蚜。体长1.4mm，头部为黑色，胸、腹

图2-5　樱桃瘿瘤头蚜及为害症状

部背面骨化、色深，各节间色浅。体表粗糙，有颗粒构成的网纹。腹管圆筒形，尾片短圆锥形。

2）有翅胎生雌蚜。头、胸部黑色，腹部色浅。触角第三节有圆形次生感觉孔41～53个，第四节有8～17个，第五节有0～5个。

[生活史和习性] 樱桃瘿瘤头蚜1年发生多代，以卵在樱桃幼枝上越冬。春季在樱桃花芽膨大期，越冬卵孵化为若虫。若虫在幼叶尖部侧缘背面为害，形成伪幼瘿，并在瘿内为害、繁殖。4月下旬有翅蚜迁飞至夏寄主为害，10月间迁回樱桃树上产生性蚜交配，在幼枝上产卵越冬。

[防治方法]

1）休眠期防治。樱桃树发芽前，全树喷洒95%机油乳剂50～100倍液、3～5波美度石硫合剂，99.1%敌死虫乳油100倍液或40%毒死蜱乳油1500～2000倍液。

2）树上喷药。3月上中旬在越冬卵孵化，但尚未形成虫瘿之前，喷洒2.5%溴氰菊酯乳油2500～3000倍液、10%吡虫啉可湿性粉剂2000～3000倍液、40%毒死蜱乳油1500～2000倍液，发生初期结合人工摘除虫瘿叶；也可在10月下旬有性蚜出现时喷洒上述药剂。

4. 山樱桃黑瘤蚜 (*Myzus prunisuctus*) >>>>

山樱桃黑瘤蚜主要为害樱桃，常群集在叶片背面刺吸汁液，受害叶片从边缘向背面纵卷成双圆筒状。

[形态特征] 无翅胎生雌蚜体呈卵圆形，体长约1.6mm，深绿色至黑褐色。体表粗糙，足胫节端部、跗节和腹管、尾片均为黑色。腹管呈长筒形，有瓦纹。尾片为短圆锥形，基部宽大，渐向端部尖细，中部收缩。卵为椭圆形，长约0.5mm，黑色，有光泽。若虫与无翅胎生雌蚜相似。有翅若蚜的胸部较发达，生长后期出现翅芽。

[生活史和习性] 以卵在果树上越冬，春季果树发芽时孵化为若虫，群集在嫩芽和叶片上吸食汁液。樱桃树展叶后，先是嫩叶

受害，逐渐向成叶上蔓延，新梢生长受到抑制。5~6月蚜虫发生量较大，果树受害严重；6月下旬以后，产生有翅胎生雌蚜，迁飞到夏寄主上为害；到了秋季，有翅蚜飞回果园，雌雄成虫交尾后，以卵越冬。

〔防治方法〕

1）农业防治。在果树受害初期，及时剪除受害的嫩叶，能减少蚜虫向其他叶片蔓延。

2）药剂防治。从果树发芽至开花前，越冬卵大部分已经孵化，应及时喷药防治。可选择的药剂有：3%啶虫脒乳油2000~2500倍液、10%吡虫啉可湿性粉剂3000倍液、2.5%溴氰菊酯乳油2500~3000倍液。

📢 提示　防治关键时期是在越冬卵孵化后和卷叶以前。

5. 桃一点叶蝉 (*Erythroneura sudra*) >>>>

桃一点叶蝉又叫小绿叶蝉、浮尘子，为害樱桃、桃、李、杏、苹果、梨、葡萄等果树。其为害方式是以成虫、若虫在叶片背面刺吸汁液。受害叶片出现失绿白色斑点，严重时全树叶片呈苍白色（图2-6）。

〔形态特征〕　成虫体长3.0~3.3mm，全体为黄绿色，头顶钝圆，顶端有一个黑点。前胸背板及小盾片为浅鲜绿色。前翅近于透明，略带黄绿色，后翅膜质、透明。若虫全体呈浅绿色，翅芽绿色（图2-7）。

〔生活史和习性〕　在我国北方1年发生4~6代，均以成虫在落叶、树皮缝、枯草及低矮的绿色植物上越冬。第二年3月末、4月初出蛰，飞到树上刺吸芽、叶汁液，取食一段时间后交尾产卵。

图 2-6 桃一点叶蝉为害症状

图 2-7 桃一点叶蝉若虫及成虫

📢 **提示** 桃一点叶蝉卵散产于新梢或叶片主脉内。发生期不整齐，世代重叠。6月种群数量开始增加，8~9月数量最多，为害最重。

〔防治方法〕

1）清园刮皮。早春成虫出蛰前，清除果园杂草和落叶，集中烧毁或深埋。及时刮除老翘皮，可消灭部分越冬虫源。

2）适期喷药。在若虫孵化期（5月中旬、7月下旬）和为害高峰期（6月上旬、8月中下旬）喷洒10%吡虫啉可湿性粉剂3000倍液、20%氰戊菊酯乳油2500~3000倍液、25%扑虱灵可湿性粉剂1000倍液、30%阿维·高氯乳油1500倍液、20%甲氰菊酯乳油2500倍液、10%天王星乳油3000倍液等。

6. 山楂叶螨（*Tetranychus viennensis*）>>>>

山楂叶螨又名山楂红蜘蛛，主要为害樱桃、桃、梨、杏、苹果、山楂等。以成、若螨群集叶片背面刺吸汁液的方式为害，受害叶片表面出现黄色失绿斑点。严重时，山楂叶螨在叶片上吐丝结网，引起焦枯和脱落（图2-8）。

〔形态特征〕

1）成螨。雌成螨为椭圆形，深红色，体背前端稍隆起，后部表皮纹横向。冬型雌成螨为鲜红色；夏型雌成螨初蜕皮时为红色，后渐变为深红色。雄成螨体长约0.43mm，纺锤形，初蜕皮时为浅黄绿色，以后呈绿色，体背两侧有黑色斑纹（图2-9）。

图2-8 山楂叶螨为害症状

图2-9 山楂叶螨成虫

2）幼螨。足3对。初孵时为圆形，黄白色，取食后渐呈浅绿色。

3）若螨。足4对。前期若螨体背开始出现刚毛，体背两侧透露出明显的墨绿色斑纹；后期若螨较大，形似成螨。

〔生活史和习性〕 山楂叶螨1年发生6～10代，以受精雌成螨在果树主干、主枝、侧枝的老翘皮下，裂缝中或主干周围的土壤缝隙内越冬。果树萌芽期，开始出蛰。山楂叶螨第一代发生较为整齐，以后各代重叠发生。6～7月的高温干旱环境，适宜山楂叶螨的发生，形成全年为害高峰期；进入8月，雨量增多，湿度增大，其种群数量逐渐减少；一般于10月即进入越冬场所越冬。

〔防治方法〕

1）农业防治。结合果树冬季修剪，认真细致地刮除枝干上的老翘皮，并翻耕树盘，可消灭越冬雌成螨。

2）生物防治。保护利用天敌是控制叶螨的有效途径之一。

其有效途径是减少广谱性高毒农药的使用，选用选择性强的农药，尽量减少喷药次数。有条件的果园还可以引进释放扑食螨等天敌。

3）化学防治。药剂可选用：5%尼索郎乳油2000倍液、15%哒螨灵乳油2000～2500倍液、25%三唑锡可湿性粉剂1500倍液、20%螨死净悬浮剂2000～2500倍液。喷药要细致周到。

提示 药剂防治关键时期为越冬雌成螨出蛰期和第一代卵与幼若螨期。

7. 二斑叶螨（*Tetranychus urticae*） >>>>

二斑叶螨又名二点叶螨、白蜘蛛，可为害樱桃、桃、杏、苹果、草莓、梨等多种果树，还能为害多种蔬菜和花卉。以成、若螨刺吸叶片汁液的方式为害，受害叶表面出现失绿斑点，逐渐扩大呈灰白色或枯黄色细斑。螨口密度大时，受害叶片上结满丝网，叶片枯干脱落。

【形态特征】

1）成螨。雌成螨呈椭圆形，体长约0.5～0.6mm，宽约0.32mm，灰绿色或深绿色，体背两侧各有1个明显的褐斑，越冬型体色为橙黄色，褐斑消失。

2）幼螨。近圆形，未取食前浅黄白色，取食后体色浅黄或黄绿，足3对。

3）若螨。椭圆形，夏型体为黄绿色，背面两侧有暗色斑；越冬型体背两侧暗斑逐渐消失，体呈橙黄或橘红色。足4对（图2-10、图2-11）。

4）卵。长0.13mm，球形，初产时为白色，后变黄。

 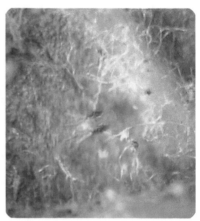

图 2-10 二斑叶螨若虫（一）　　　**图 2-11** 二斑叶螨若虫（二）

【生活史和习性】　二斑叶螨 1 年发生 10 余代。以受精的雌成螨在根颈、枝干翘皮下、杂草根部、落叶下越冬。第二年 3 月出蛰。出蛰雌成螨先集中在芥菜、败酱草等杂草上取食，4 月以后陆续上树为害。第一代卵的孵化盛期在 4 月中下旬。除第一代发生整齐外，以后则世代重叠，防治困难。9～10 月陆续下树越冬。二斑叶螨喜高温干旱，7～8 月降雨情况对其发生发展影响较大。

【防治方法】

1）农业防治。结合冬季修剪，刮除枝干上的老翘皮，并带出园外烧毁；清除果园杂草，并将锄下的杂草深埋或带出果园，可消灭草上的二斑叶螨。

2）生物防治。在果园种植紫花苜蓿或三叶草，能够蓄积大量二斑叶螨的天敌，可有效控制二斑叶螨发生。

3）药剂防治。在二斑叶螨发生期，可选择以下农药进行喷药：1.8% 阿维菌素乳油 3000～4000 倍液、10% 浏阳霉素乳油 1000 倍液、25% 三唑锡可湿性粉剂 1500 倍液。喷药要均匀周到。

📢 **提示** 药剂防治关键时期在越冬雌成螨出蛰期和第一代卵与幼若螨期。

8. 樱桃叶蜂（*Trichiosoma bombiforma*） >>>>

主要为害樱桃、蔷薇等果树和花木，以幼虫群集取食叶片为害，将叶片吃光。雌成虫刺破枝条表皮产卵，影响枝条生长或造成枝枯。

〔形态特征〕

1）成虫。体长约 7.5mm，翅黑色，半透明；头、胸部和足黑色，有光泽；腹部橙黄色；触角鞭状，3 节，第三节最长。

2）幼虫。体长约 20mm，初孵时略带浅绿色，头部浅黄色，老熟时黄褐色；胴部各体节有 3 条横向黑点线，黑点上生有短小刚毛。

3）蛹。乳白色。

4）茧。椭圆形，暗黄色。

〔生活史和习性〕 幼虫在茧壳中于土壤深处越冬。一年 2 代。春天化蛹，5 月末至 6 月初羽化成虫。7 月末至 8 月初出现第二代成虫并产卵。雌成虫产卵时，先用产卵器在寄主新梢上刺成纵向裂口，然后产卵其内，产卵部位外覆白色蜡粉。幼虫孵化后，即转移到附近叶片上为害，一直持续到 9 月末或更晚。幼虫取食或静止时，常将腹部末端上翘。

〔防治方法〕

1）人工防治。成虫产卵盛期，及时剪除产卵枝梢；幼虫发生期，人工摘除虫叶或捕捉幼虫。

2）化学防治。幼虫发生期进行药剂防治，喷布 2.5% 溴氰菊酯乳油 2000 倍液，48% 毒死蜱乳油 1500 倍液、90% 敌百虫晶体 1000 倍液、50% 杀螟松乳油 1000 倍液等。

9. 棉褐带卷蛾 (*Adoxophyes orana*) >>>>

棉褐带卷蛾又名苹小卷叶蛾，主要为害樱桃、李、桃、杏、苹果等果树。以幼虫为害叶片和果实，初孵幼虫群栖在叶片上为害，以后分散，并吐丝缀连叶片成苞，在其中啃食叶肉，造成叶片网状或孔洞，有的还啃食果皮，受害果面呈现形状不规则的小坑洼(图2-12)。

〔形态特征〕

1）成虫。体长6~8mm，黄褐色。下唇须较长，向前延伸。前翅自前缘向后缘有2条深褐色斜斑。

2）幼虫。幼龄幼虫浅黄绿色，老熟幼虫体长13~15mm，翠绿色，头部浅黄褐色（图2-13）。

图2-12 棉褐带卷蛾为害症状

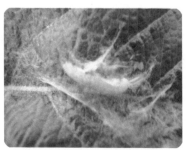

图2-13 棉褐带卷蛾幼虫

3）卵。扁平，椭圆形，浅黄色。数十粒排列成鱼鳞状卵块。

4）蛹。体长9~11mm，深褐色，腹部2~7节背面两横排刺突大小一致，均明显。尾端有8根钩状刺。

〔生活史和习性〕 棉褐带卷蛾一年3~4代，以二龄幼虫在果树的剪锯口结白色薄茧越冬。第二年果树花芽萌动后出蛰，出蛰幼虫先爬到嫩芽、幼叶上取食，稍大后吐丝把几片叶缀合在一起，取食为害，老熟幼虫在卷叶内化蛹。幼虫很活泼，有吐丝下垂及转移危害的习性。6月上中旬成虫羽化产卵。第一代幼虫发生期在7月中下旬。第二代成虫发生期在8月下旬至9月上旬。棉褐带卷蛾的寄生性天敌较多，以赤眼蜂寄生率最高。

〔防治方法〕

1）人工防治。早春刮去剪锯口、粗老翘皮，可消灭棉褐带卷蛾越冬幼虫。结合夏剪摘除卷叶，消灭卷叶内幼虫。用黑光灯或糖醋液（加少许杀虫剂）诱杀成虫。

2）生物防治。在产卵盛期释放赤眼蜂，可消灭虫卵。5天1次，连放3~4次，每亩释放12万只，卵寄生率可达90%以上。

3）化学防治。越冬幼虫出蛰及各代幼虫发生初期喷药防治。药剂可选用：20%氰戊菊酯乳油3000倍液，25%灭幼脲悬浮剂1500倍液，48%毒死蜱乳油1500倍液，4.5%高效氯氰菊酯乳油2000倍液。

10. 桃潜叶蛾（*Lyonetia clerkella*）>>>>

桃潜叶蛾又名桃潜蛾，主要为害桃、李、樱桃、杏等核果类果树，以幼虫潜入叶片内取食叶肉，排粪于蛀道内为害，受害叶片上的虫道呈线状弯曲迂回（图2-14）。

〔形态特征〕

1）成虫。体长3~4mm，身体细长，银白色，鳞片细，体表光滑。前翅狭长，银白

图2-14　桃潜叶蛾幼虫及为害症状

色，端部有黄色和褐色组成的斑纹，翅先端有黑色斑纹，前后翅都具有灰色长缘毛。

2）卵。圆球形，乳白色，直径约0.5mm。

3）幼虫。老熟幼虫体长约6mm，浅绿色，体扁，略呈念珠状。

4）茧。茧白色长椭圆形，两端有白丝固着在叶片或枝条上。

5）蛹。浅绿色，体长3~4mm，纺锤形。

〔生活史和习性〕桃潜叶蛾1年发生6~7代，以成虫在落叶、杂草中越冬，少数以蛹在受害叶背面结白色丝茧越冬。越冬成

49

虫于 4 月中旬出蛰，白天潜伏于叶背，夜晚活动，交尾产卵。卵散产于叶背面的表皮组织内。幼虫孵化后潜叶为害。5 月上中旬是第一代幼虫发生期，6 月上旬出现第一代成虫。以后各世代有重叠现象。果实采收后，大部分果园由于放弃了病虫害的防治，因而造成后期害虫大发生，引起落叶。

〔防治方法〕

1）人工防治。清扫落叶、杂草集中烧毁，或结合深翻树盘，将落叶、杂草埋于树下，可以消灭越冬成虫。早春刮除老翘皮，剪除病虫枝、枯枝、僵枝等。

2）药剂防治。喷布 25% 灭幼脲 3 号悬浮剂 1500 倍液，20% 甲氰菊酯乳油 2000 倍液，48% 毒死蜱乳油 1500 倍液防治效果较好。果实采收后，也要注意定期喷药防虫保叶。

⚠️ **注意** 最佳用药期为各代成虫发生高峰期和幼虫为害期，分别于越冬代成虫发生高峰期、第一代幼虫发生始期（4 月下旬），第一代成虫发生高峰期、第二代幼虫发生始期（5 月下旬至 6 月上旬），第三代成虫发生高峰期、第四代幼虫发生始期（7 月下旬）喷药防治。

11. 桃剑纹夜蛾（*Acronycta incretata Linne*）

桃剑纹夜蛾以幼虫为害樱桃、桃、杏、李等果树叶片，造成缺刻和孔洞。

〔形态特征〕

1）成虫。体长 17 ~ 22mm，灰褐色。翅面有 3 条黑褐色剑状纹，基部有一分枝条纹，外缘两条平行无分枝。

2）幼虫。老熟幼虫体长 35 ~ 40mm，腹背有一条黄色纵条带，各体节生有黑色毛瘤，遍体疏生长毛（图 2-15）。

3）卵。半球形，白色，直径1.2mm。

[生活史和习性]　桃剑纹夜蛾1年发生2代，以蛹在土中和皮缝中越冬。成虫于5～6月间羽化，发生期很不整齐。5月中下旬发生第一代幼虫，幼虫为害至6月下旬便陆续老熟，吐丝缀叶，在其中结白色薄茧化蛹。第一代成虫于

图2-15　桃剑纹夜蛾幼虫及为害症状

7月中旬至8月中旬均有发生。第二代幼虫于7月下旬开始发生，9月开始陆续老熟，寻找适当场所化蛹越冬。

[防治方法]

1）人工防治。深翻树盘和刮除翘皮，可消灭正在越冬的蛹。

2）药剂防治。幼虫发生初期药剂防治。可选用：48%毒死蜱乳油1500倍液，90%敌百虫晶体1000倍液，4.5%高效氯氰菊酯乳油2000倍液、20%氰戊菊酯乳油2000倍液等。

12. 黄刺蛾 (*Cnidocampa flavescens*) >>>>

黄刺蛾俗名洋辣子、八角虫。其为害樱桃、桃、李、杏、苹果等多种果树。初孵幼虫群集叶背取食叶肉，形成网状透明斑。幼虫长大后分散为害，5、6龄幼虫能将全叶吃光仅留叶脉。因其身体上的枝刺含有毒物质，触及人体皮肤时，会发生红肿，疼痛难忍。

[形态特征]

1）成虫。体长13～16mm，体粗壮，黄褐色，鳞毛较厚。头、胸部黄色，复眼黑色。触角丝状，灰褐色。下唇须暗褐色，向上弯曲。前翅自顶角分别向后缘基部1/3处和臀角附近分出两条棕褐色细线，内侧线的外侧为黄褐色，内侧为黄色，黄色区有2个深褐色斑，1个近后缘，1个在翅中部稍前。

2）幼虫。老熟幼虫体长19～25mm，黄绿色，背面有紫褐色大斑，前后宽大，一中部狭细成哑铃形，末节背面有4个褐色小斑；体

两侧各有9个枝刺，体例中部有2条蓝色纵纹（图2-16、图2-17）。

图2-16　黄刺蛾低龄幼虫　　　　图2-17　黄刺蛾老熟幼虫

3）卵。椭圆形，扁平，长1.4～1.5mm，表面有线纹，初产时黄白色，后变黑褐色。数十粒块生。

4）茧。石灰质坚硬，椭圆形，上有灰白色和褐色纵纹似鸟卵（图2-18）。

5）蛹。椭圆形，粗大。体长13～15mm。浅黄褐色。

〔生活史和习性〕　黄刺蛾1年发生1～2代，以老熟幼虫在树枝及树干的粗皮上结茧越冬。发生2代的地区，幼虫在5月上旬开始化蛹，成虫发生盛期在6月中旬，成虫昼伏夜出，有趋光性，羽化后不久交配产卵，卵产于叶背。第二代幼虫在8月上中旬为害最重，

图2-18　黄刺蛾茧图

8月下旬开始陆续结茧越冬。发生1代的地区，幼虫于6月上中旬化蛹，6月中旬至7月中旬为成虫发生盛期。7～8月间高温干旱，发生严重。天敌有上海青蜂和黑小蜂等。

〔防治方法〕

1）人工防治。结合修剪，彻底清除越冬虫茧。夏季结合果树

管理，人工捕杀幼虫。

2）保护利用天敌。在冬季或早春，剪下树上的越冬茧，挑出被寄生茧保存，等天敌羽化后重新飞回自然界。

 提示 黄刺蛾茧内的老熟幼虫，可被上海青蜂寄生，其寄生率很高，控制效果显著。被寄生的虫茧，上端有一寄生蜂产卵时留下的小孔，容易识别。

3）药剂防治。药剂可选用：4.5% 高效氯氰菊酯乳油 2000 倍液，50% 辛硫磷乳剂 1000 倍液，25% 灭幼脲 3 号胶悬剂 1500 倍液、90% 敌百虫晶体 1500 倍液。

提示 防治的关键时期是幼虫发生初期（低龄幼虫期）。

13. 褐边绿刺蛾 (*Parasa consocia*) >>>>>

褐边绿刺蛾又叫褐缘青刺蛾、青刺蛾。为害症状同黄刺蛾。

〔形态特征〕

1）成虫。体长 16mm，翅展 38～40mm，体黄色。前翅浅绿色，基部有暗褐色大斑，外缘为灰黄色宽带，带上有暗褐色小点和细横线，带内缘内侧有暗褐色波状细线。

2）幼虫。初孵幼虫黄色，稍大黄绿至绿色，背线绿色，两侧有深蓝色点。前胸盾上有 1 对黑斑，中胸至第 8 腹节各有 4 个瘤状突起，上生黄色刺毛，第一腹节背面的毛瘤各有 3～6 根红色刺毛；腹末有 4 个毛瘤，丛生蓝黑刺毛（图 2-19）。

3）茧。椭圆形，暗褐色，略扁平。

4）卵。长 0.9～1.0mm、宽 0.6～0.7mm，椭圆形，扁平、光滑。初产乳白色，近孵化时浅黄色。

5）蛹。长 10mm 左右，椭圆形，肥大，初乳白至浅黄色，渐变浅褐色，复眼黑色，羽化前胸背浅绿色，前翅芽暗绿色，外缘暗褐色，触角、足和腹部黄褐色。

〔生活史和习性〕　褐边绿刺蛾在辽宁、西安、山东地区1年发生1代，河北、河南地区1年发生2代。以老熟幼虫在树干基部、树干伤疤

图2-19　褐边绿刺蛾幼虫

处、粗皮裂缝或枝杈处结茧越冬，有时一处有几只幼虫聚在一起结茧越冬。越冬幼虫在第二年6月上旬化蛹至7月上旬出现成虫。成虫夜间交尾和产卵。卵产在叶背，每块卵有数十粒不等。幼虫7~8月为害较重。初孵幼虫在叶背群栖为害，3龄以后分散为害，使叶片造成缺刻与孔洞。幼虫天敌有绒茧蜂和刺蛾广肩小蜂。

〔防治方法〕

1）人工防治。利用幼虫集中越冬的习性，可实行人工除茧，以消灭幼虫。

2）药剂防治。参考黄刺蛾。

14. 黑星麦蛾 (*Telphusa chloroderces*) >>>>

黑星麦蛾主要为害樱桃、桃、李、杏、苹果等。以幼虫卷叶为害，幼虫在新梢上吐丝结叶片做巢，内有白色细长丝质通道，并夹有粪便，虫苞松散。管理粗放的果园发生较多。

〔形态特征〕

1）成虫。体长5~6mm，灰褐色，胸部背面及前翅黑褐色，有光泽。前翅靠近外线1/3处有一浅色横带，从前缘横贯到后缘，翅中央有2个隐约可见的黑斑（图2-20）。

2）卵。椭圆形，浅黄色，有光泽。

3）幼虫。老熟幼虫体长10~11mm，头部褐色，身体背面有黄白色和浅紫色纵条纹相间排列。头部、臀板和臀足褐色，前胸背板

黑褐色（图2-21）。

孙瑞红摄

图2-20　黑星麦蛾成虫

孙瑞红摄

图2-21　黑星麦蛾幼虫

4）蛹。6mm左右，初黄褐后变红褐色。腹部第7节后缘有暗黄色齿突。第6腹节腹面中部有2个突起。

5）茧。灰白色，长椭圆形。

〔生活史和习性〕　黑星麦蛾1年发生3～4代。以蛹在杂草、落叶和土石块下越冬。成虫于第二年4月羽化，产卵于新梢顶端未展开的叶片基部，单产或几粒卵产在一起。第一代幼虫于4月下旬或5月初出现。7月上中旬是第二代幼虫发生期。幼虫较活泼，有吐丝下垂的习性。

〔防治方法〕

1）人工防治。清除果园中的落叶、杂草，或在早春翻树盘，将杂草、落叶翻于土中，以消灭越冬蛹。生长季摘除卷叶，消灭幼虫。

2）药剂防治。常用药剂有48%毒死蜱乳油1500倍液，25%灭幼脲悬浮剂1500倍液，20%氰戊菊酯乳油3000倍液、2.5%三氟氯氰菊酯乳油2000倍液或1.5%联苯菊酯乳油2000倍液。

提示　防治的关键时期是第一代幼虫发生期和其他各代幼虫发生初期。

15. 舟形毛虫（*Phalera flavescens* Bremer et Grey）

舟形毛虫又名苹果舟形毛虫、苹掌舟蛾。主要为害樱桃、苹果、梨、桃、杏、梅、山楂、核桃、板栗等果树及多种阔叶树。低龄幼虫群集叶片背面，将叶片食成半透明纱网状。高龄幼虫蚕食叶片，仅留叶脉和叶柄。可将全树叶片吃光，轻则严重削弱树势，重则树体死亡（图2-22）。

图2-22　舟形毛虫幼虫及为害症状

〔形态特征〕

1）成虫。体长25mm，翅展约50mm。体和前翅黄白色，前翅外缘有6个紫黑色新月形斑纹，排成一列，翅中部有浅黄色波浪状线4条，基斑内有1个椭圆形斑纹。后翅外缘处有1个褐色斑纹。

2）幼虫。老熟幼虫头黑色，有光泽，胸部背面紫褐色，腹部紫红色。体两侧各有黄色至橙黄色纵纹3条，各体节有黄色长毛丛。静止时首尾翘起似叶舟，故名舟形毛虫。

3）卵。球形，初产时浅绿色，近孵化时灰色，几十个卵排列成块状。

4）蛹。长约23mm，暗红褐色，全体密布刻点。

〔生活史和习性〕 1年发生1代。以蛹在根部约7cm深的土层内越冬。第二年7月上旬至8月上旬羽化。成虫趋光性强，白天隐蔽在树丛或杂草中，夜间产卵。低龄幼虫群集，头朝同一方向夜晚取食，白天静止不动，受震动吐丝下垂，仍可沿丝返回到原位置继续为害。幼虫期盛发在8~9月，又叫"秋黏虫"。

〔防治方法〕

1）人工防治。冬季、春季结合树穴深翻松土，将越冬蛹翻于地表，收集处理，减少虫源。利用初孵幼虫的群集性和受惊吐丝下垂的习性，少量树木且虫量不多时，可摘除虫叶、虫枝和振动树冠杀死落地幼虫。

2）生物防治。

⚠️ **注意** 在卵发生期，人工释放卵寄生蜂如赤眼蜂等。幼虫期喷含活孢子100亿/g的青虫菌粉800倍液，或Bt乳剂（100亿个芽孢/mL）1000倍液。幼虫入土期，采用机动或手动喷雾器在果园地面喷施线虫。施用昆虫病原线虫（1亿~2亿条/亩），施用前，清除树冠下杂草，把地整平，以免积水。在地面全树盘范围内喷施线虫。

3）灯光诱杀成虫。因害虫成虫具强烈的趋光性，可在7、8月成虫羽化期设置黑光灯，诱杀成虫。

4）化学防治。低龄幼虫期喷20%除虫脲悬剂1000倍、2.5%多杀菌素悬浮剂1000倍液、20%氰戊菊酯乳油2000倍液。

16. 梨冠网蝽（*Stephanitis nashi*） >>>>

又名梨网蝽，梨军配虫。主要为害樱桃、苹果、梨、桃、海棠、山楂等果树。以成、若虫在叶背吸食汁液为害，受害叶片正面形成苍白色斑点，背面有褐色斑点状虫粪及分泌物，使整个叶背呈锈黄色，严重时叶片早落（图2-23）。

图2-23 梨冠网蝽幼虫及为害症状

〔形态特征〕

1）成虫。体长 3～3.5mm，黑褐色。前胸背板两侧有两片圆形环状突起。前胸背面及前翅均有网状花纹，以两前翅中间接合处的"X"形纹最明显。

2）若虫。暗褐色，翅芽明显，头、胸、腹部均有刺突。

〔生活史和习性〕 梨冠网蝽 1 年发生 3～4 代，以成虫潜伏在落叶下或树干翘皮裂缝中越冬。4 月中旬开始活动，先在下部叶片为害，逐渐扩散到全树。由于出蛰期较长，以后各世代重叠发生。7～8 月是全年为害最重的时期。10 月中下旬成虫寻找适宜场所越冬。

〔防治方法〕

1）诱杀成虫。9 月成虫下树越冬前，在树干上绑草把，诱集成虫越冬，然后解下草把集中烧毁。

2）清园翻耕。春季越冬成虫出蛰前，细致刮除老翘皮。清除果园杂草落叶，深翻树盘，可以消灭越冬成虫。

3）喷药防治。在越冬成虫出蛰高峰及第一代若虫孵化高峰期及时喷药防治。药剂可选用 80% 敌敌畏乳油 1000 倍液、48% 毒死蜱乳油 1500～2000 倍液、2.5% 溴氰菊酯乳油 2000 倍液、20% 氰戊菊酯乳油 2000 倍液。

17. 茶翅蝽 (*Halyomorpha halys*) >>>>

茶翅蝽又称臭蝽象，可为害樱桃、桃、杏、苹果、梨、柑橘、山楂等多种果树的叶片和果实，全国各樱桃产区均有发生。以成虫和若虫刺吸果实及嫩梢汁液为害。果实受害部位生长缓慢，果肉组织变硬并木栓化，果面凹凸不平，形成畸形果。

〔形态特征〕

1）成虫。体长 12～16mm，扁椭圆形，茶褐色，前胸背板、小盾片和前翅革质部有黑色刻点，前胸背板前缘横列 4 个黄褐色小点，小盾片基部横列 5 个小黄点，两侧斑点明显（图 2-24）。

2）若虫。初孵若虫体长约2mm，无翅，灰白色。后期若虫体渐变为黑色，形似成虫。

3）卵。短圆筒形，周缘环生短小刺毛，初产时乳白色，后呈黑褐色。数十粒排成卵块。

图2-24 茶翅蝽成虫

[生活史和习性] 茶翅蝽在辽宁、河北、山东、山西等北部果区一年发生1代。以成虫在墙缝、石缝、草堆、空房、树洞等场所越冬。4月开始出蛰，6月上旬开始产卵，至8月中旬结束，卵多产在叶背，卵多集中成块，以28粒居多。若虫孵化后，先静伏于卵壳上面或其周围，3~5天后分散为害。7月中旬出现成虫，8月中旬为成虫盛期，为害到9月下旬至10月上旬，才陆续飞向越冬场所。

[防治方法]

1）人工防治。在春季越冬成虫出蛰时和9、10月成虫越冬时，在房屋的门窗缝、屋檐下、向阳背风处收集成虫；成虫产卵期，收集卵块和初孵若虫，集中销毁。

2）药剂防治。在越冬成虫出蛰期和低龄若虫期喷药防治。药剂可选用：48%毒死蜱乳剂1500倍液，50%杀螟松乳剂1000倍液或20%氰戊菊酯乳油2000倍液、5%高效氯氰菊酯乳油1500倍液、2.5%功夫菊酯（三氟氯氰菊酯）乳油2000倍液、2.5%溴氰菊酯（敌杀死）乳油2000倍液等。

18. 绿盲蝽（*Lygus lucorum*） >>>>

绿盲蝽食性杂，可为害樱桃、李、桃、葡萄、杏、枣、苹果等多种果树和棉花等多种农作物。全国各果树和农作物产区都有发生。以成、若虫刺吸果树嫩芽、幼叶和幼果为害，受害叶片出现许多穿孔或破碎，果实受害后停止生长，出现凹陷斑点（图2-25）。

【形态特征】

1）成虫。体长5mm左右，黄色至浅绿色。前胸背板、小盾片和前翅革质部分绿色，膜质部分暗灰色，半透明（图2-26）。

图2-25　绿盲蝽为害症状

图2-26　绿盲蝽成虫

2）若虫。若虫体粗短，复眼桃红色。初孵时绿色，2龄黄褐色，3龄出现翅芽，4龄翅芽伸达第一腹节后缘，2、3、4龄触角端和足端黑褐色，5龄后全体鲜绿色，密被黑细毛。

3）卵。长约1mm，黄绿色，长口袋形。

【生活史和习性】　绿盲蝽1年发生4～5代，以卵在果树枝条的芽鳞内或杂草上越冬。第二年3月下旬至4月初越冬卵孵化为若虫。5月上中旬出现第一代成虫，这时果树出现大量受害叶片和幼果。约在5月下旬至6月上旬，成虫陆续转移至果园以外的寄主植物上为害。到了秋季，有一部分成虫到果树上产卵越冬。成虫行动活泼，若虫爬行迅速。

【防治方法】

1）人工防治。清除果园内外的杂草，能消灭在此越冬的虫卵。

2）药剂防治。常用药剂有48%毒死蜱乳油1500倍液，2.5%溴氰菊酯乳油2000倍液，1.8%阿维菌素乳油4000倍液。

提示　防治的关键时期在越冬卵孵化期和若虫期。

19. 花壮异蝽 (*Urochela luteovaria*) >>>>

花壮异蝽又名梨蝽象，俗名臭斑点、臭大姐等。主要为害樱桃，也可为害杏、李、桃、苹果、梨等。以成、若虫刺吸为害枝梢和果实，受害果实生长畸形，果肉硬化。新梢、枝条受害后发育不良，甚至枯死。

〖形态特征〗

1）成虫。体长 10~13mm，扁椭圆形，褐色至黄绿色。头褐色，中央有黑色纵纹 2 条。前胸背板、小盾片、前翅革质部，均有黑色细小刻点。腹部两侧有黑白相间的斑纹，常露于前翅外面。

2）若虫。体似成虫、无翅，初孵时黑色。前胸背板两侧有黑色斑纹，腹部棕黄色，背面中央有长方形黑斑 3 个。

3）卵。椭圆形，浅绿色。常 20~30 粒成块，外覆透明的胶质物。

〖生活史和习性〗 在山东 1 年发生 1 代，以 2 龄若虫在树干及主侧枝的翘皮下、裂缝中越冬。第二年春樱桃发芽时开始活动为害。6 月至 7 月中旬陆续羽化为成虫。成虫寿命 4~5 个月，8 月下旬至 9 月上旬产卵。到 9 月下旬至 10 月上中旬，2 龄若虫开始寻觅适当场所越冬。

〖防治方法〗

1）人工防治。认真细致刮除老翘皮，以消灭越冬若虫；成虫产卵期，及时除去卵块。

2）药剂防治。越冬若虫出蛰期，是喷药防治的最佳时期。选用药剂参考绿盲蝽。

20. 金缘吉丁虫 (*Lampra limbata*) >>>>

金缘吉丁虫俗称串皮虫，是为害樱桃、李、杏、苹果、梨等多种果树枝干的主要害虫。以幼虫在主枝干皮层中纵横串食为害，造成树势衰弱或死树。主要分布在长江流域、黄河故道和河南、山西、河北、陕西、甘肃等地。

〔形态特征〕

1）成虫。体长 13～17mm，翠绿色，有金属光泽。前胸背板上有 5 条蓝黑色条纹，翅鞘上有 10 多条黑色小斑组成的条纹，两侧有金红色带纹。前胸显著宽大，中间有"人"字形凹纹（图 2-27）。

2）卵。椭圆形，长约 2mm，初产时乳白色，后变为黄褐色。

3）幼虫。老熟幼虫体长 30～36mm，黄白色，扁平无足，体节明显。头小，前胸第一节扁平肥大，上有黄褐色"人"字纹，腹部逐渐细长，节间凹进（图 2-28）。

图 2-27　金缘吉丁虫成虫　　　**图 2-28　金缘吉丁虫幼虫**

〔生活史和习性〕　金缘吉丁虫在华北 2 年发生 1 代。以各龄幼虫在受害枝干皮层和木质部蛀道内越冬，第二年早春越冬幼虫继续在皮层内串食为害。成虫发生期为 5～8 月。成虫有喜光性和假死性，卵散产于枝干粗皮裂缝处，以阳面居多。初孵幼虫先在皮层蛀食，随龄期增大，逐渐蛀入形成层，形成弯曲的隧道，中间塞满蛀屑。幼虫老熟后在隧道中化蛹。

〔防治方法〕

1）农业防治。加强栽培管理，增强树势，避免造成伤口，以提高树体的抗虫耐害力；刮除老树皮，消灭在浅皮层为害的低龄幼虫；及时清除死树、死枝，集中销毁，可减少虫源。

2）人工防治。利用成虫的假死性，在成虫发生期，组织人员捕杀成虫；6~8月间发现幼虫为害处，挖出幼虫。

3）药剂防治。幼虫在浅层为害时，应反复检查，发现树干上有受害状，就在其上用毛刷一刷即可。药剂可用80%敌敌畏乳油10倍液。成虫羽化盛期树上喷施20%杀灭菊酯乳油2000倍液、90%敌百虫1500倍液等。

21. 桑白蚧（*Pseudaulacaspis pentagona*）>>>>

桑白蚧又名桑盾蚧，寄主范围广、食性杂、繁殖力强。主要以雌成虫和若虫群集在主干与大小枝条上为害，以针状口器刺入果树的皮层内吸食汁液。若蚧在为害初期会分泌蜡质物，进而形成棉毛状蜡丝覆盖于体背，逐渐形成介壳。危害严重时，受害枝条如同覆盖了一层鳞甲，造成枯梢及树体死亡，从而导致果实发育受阻，品质下降，果树绝产（图2-29、图2-30）。

图2-29 桑白蚧为害症状

图2-30 桑白蚧

〔形态特征〕

1）成虫。雌虫无翅，体长0.9~1.2mm，浅黄至橙黄色，介壳灰白至黄褐色，近圆形，长2~2.5mm，略隆起，有螺旋形纹，壳点黄褐色。雄虫有翅，体长0.6~0.7mm，翅展1.8mm，橙黄至橘红色。触角10节，念珠状，有毛。前翅卵形，灰白色，被细毛；后翅退化为平衡棒。介壳细长，1.2~1.5mm，白色，背面有3条纵脊，壳点橙黄色位于前端（图2-31）。

2）卵。椭圆形，长0.25~3mm，初粉红后变黄褐色，孵化前为橘红色。

3）若虫。初孵浅黄褐色，扁椭圆形，长 0.3mm 左右，眼、触角、足俱全，腹末有 2 根尾毛。两眼间具 2 个腺孔，分泌棉毛状蜡丝覆盖身体，2 龄若虫眼、触角、足及尾毛均退化。

4）蛹。橙黄色，长椭圆形，仅雄虫有蛹。

图 2-31　桑白蚧介壳

【生活史和习性】桑白蚧在广东 1 年发生 5 代，浙江 3 代，北方 2～3 代（保护地比露地多发生 1 代）。以第二代受精雌虫于枝条上越冬。在露地樱桃树上桑白蚧的发生情况：第二年 3 月底到 4 月初芽萌动后（平均气温达到 10℃时）开始活动，虫体不断膨大，4 月上旬开始产卵，4 月中下旬（红灯樱桃正值盛花末期）为盛期，卵期 10～15 天，每只雌虫可产卵数百粒。5 月上旬（红灯樱桃正值果实膨大期）为第一代若虫孵化盛期，初孵若虫多分散到 2～5 年生枝上固着取食，一般以枝条分叉处、叶痕、枝条的阴面为多。第一代若虫期 40～50 天，雌若虫共 3 龄，雄若虫第二龄蜕皮为预蛹，预蛹期 7 天左右。6 月中旬开始羽化，盛期为 6 月中下旬，雄成虫寿命短，交尾后不久死亡。7 月中下旬第一代雌成虫开始产卵，卵期 10 天左右。8 月上旬为第二代若虫孵化盛期，若虫期 30～40 天，8 月下旬到 9 月间雄虫陆续羽化，雌成虫继续为害至秋末越冬。保护地栽培的樱桃发芽要比露地栽培的提前 60 天左右，害虫的发生也随物候期的改变而改变。

【防治方法】

1）休眠期。用硬刷人工刷掉枝干上的越冬虫，结合修剪剪除有虫枝条，集中销毁。

2）冬天及早春遇到雾凇时（或用喷雾机往树干上喷清水使其结冰），用木棍击打树枝，使越冬虫随冰层掉落。

3）保护利用天敌。

⚠️ **注意** 桑白蚧的天敌主要分布在蚜小蜂科、跳小蜂科、瓢虫科、草蛉科。优势种有扑虱蚜小蜂、黄金蚜小蜂、褐黄蚜小蜂、二星瓢虫、红点唇瓢虫和日本方头甲等。为了保护利用天敌，在天敌卵孵化期和幼虫期不用广谱性农药，用药时必须要避开天敌活动期；在保护现有天敌昆虫的同时，可以将人工饲养的天敌引入樱桃园，也能起到控制桑白蚧的危害作用。

4）化学防治。发生严重的果园应在卵孵化率为50%左右时进行第一次喷药，在卵孵化率为90%以上时进行第二次喷药；发生较轻的果园喷1次药即可。为减少害虫抗药性，各种农药应交替使用。近几年来桑白蚧的有效防治药剂总结如下。

① 萌芽前喷3~5波美度石硫合剂或95%机油乳油50~150倍，也可结合其他药剂进行防治。

② 若虫分散转移期防治。40%杀扑磷乳油1000倍液、48%毒死蜱乳油1500倍液+渗透剂、50%马拉硫磷乳油1000倍液、90%灭多威可溶性粉剂3000倍液、25%噻嗪酮可湿性粉剂1500倍液、2.5%溴氰菊酯乳油1500~2000倍液、20%氰戊菊酯乳油2500~3000倍液等药剂，孵化盛期喷1~2次，间隔7~10天，均能达到较好的防治效果。

📢 **提示** 桑白蚧化学防治的重点是要抓住若虫孵化后未形成壳质前的关键时期，主要分以下几个防治时期：休眠期、介壳虫出蛰为害期、若虫孵化期等。

22. 朝鲜球坚蜡蚧 （*Didesmococcus koreanus*） >>>>

朝鲜球坚蜡蚧又名杏球坚蚧、桃球坚蚧，主要为害樱桃、杏、李、桃、苹果、梨等果树。以若虫和雌成虫刺吸为害枝条，造成枝条生长衰弱，受害严重的枝条枯死，甚至整株枯死。全国各果树产区均有分布。

〔形态特征〕

1）成虫。雌成虫无翅，介壳半球形，横径约4.5mm。初期介壳质软，黄褐色；后期硬化，呈红褐色至紫褐色，表面有不规则凹点和稀薄灰白色蜡粉。雄虫介壳长椭圆形，背面有龟状隆起；雄成虫有一对前翅，后翅退化成平衡棒。

2）卵。椭圆形，长约0.3mm，附有白色蜡粉。初白色渐变为粉红色。

3）若虫。长椭圆形，初孵化时红褐色被白粉。越冬若虫椭圆形，深褐色。足和触角发达（图2-32）。

4）蛹。仅雄虫有蛹，为裸蛹，长约1.8mm，赤褐色，腹部末端有黄褐色刺突。蛹外包被长椭圆形茧。

图2-32　朝鲜球坚蜡蚧及若虫

〔生活史和习性〕　朝鲜球坚蜡蚧1年发生1代，以2龄若虫在枝条上越冬，第二年3月上中旬开始活动，群集在枝条上为害。4月中旬，开始羽化交尾，5月中旬为产卵盛期。5月下旬至6月上旬为若虫孵化盛期，初孵若虫从母体介壳内爬出，分散到小枝条、叶片和果实上为害。虫体上常分泌白色蜡质绒毛。若虫生长慢，10月中旬以后，以2龄若虫在其分泌的蜡质下越冬。管理粗放的果园发生较重。

〔防治方法〕

1）人工防治。果树休眠期，可用硬毛刷刷掉越冬幼虫。在冬剪时，剪除虫体较多的辅养枝。

2）药剂防治。果树发芽前及若虫孵化期（华北地区在5月下旬至6月上旬）喷药防治。所用药剂参考桑白蚧。

23. 桃红颈天牛 (*Aromia bungii*) >>>>

桃红颈天牛是为害樱桃、桃、杏、李、柿等果树枝干的主要害虫，幼虫蛀食果树枝干，造成树干中空，皮层脱离，自虫孔排出大量红褐色木屑状粪便。

〔形态特征〕

1）成虫。体长 28 ~ 37mm，黑色，有光泽。前胸背板棕红色。前胸两侧各有刺突一个，背面有 4 个瘤突。鞘翅表面光滑，基部较前胸为宽，后端较狭（图 2-33）。

2）卵。椭圆形，长 6 ~ 7mm，乳白色。

3）幼虫。老熟幼虫体长 42 ~ 50mm，幼虫低龄时乳白色，老熟时黄白色。前胸背板前半部横列 4 个黄褐色斑块，背面的两个各呈横长方形，前缘中央有凹缺，位于两侧的黄褐色斑块略呈三角形（图 2-34）。

4）蛹。体长 35mm 左右，初为乳白色，后渐变为黄褐色。

〔生活史和习性〕　桃红颈天牛 2 ~ 3 年发生 1 代，以幼虫在蛀道内越冬。春季树液流动后越冬幼虫开始活动为害。田间 6 ~ 7 月出现成虫，成虫多在树干上栖息，卵产在主干、主枝树皮缝隙中，以近地面 35cm 范围内居多。幼虫孵化后先在树皮下蛀食，随虫体增大逐渐蛀入皮下韧皮部与木质部之间为害。隔一定距离向外蛀一通气排粪孔，并排出红褐色锯屑状粪便。再经过冬天，到第三年 5 ~ 6 月老熟化蛹，蛹期 17 ~ 30 天羽化为成虫。

图 2-33 桃红颈天牛成虫

图 2-34 桃红颈天牛幼虫

〔防治方法〕

1）人工防治。在 6 ~ 7 月成虫发生期，人工捕杀成虫；经常检查枝干，发现排粪孔后用铁丝钩刺幼虫；及时清除受害死枝和死树，集中烧毁。

2）涂白防虫。成虫产卵之前，在主干和主枝上涂涂白剂（配方见附录 F），防止成虫产卵。

3）虫道注药。发现枝干上有排粪孔后，将排粪孔口处的粪便、木屑清除干净，塞入磷化铝毒签一支，用黄泥将所有排粪孔口封闭，熏蒸杀虫。或用注射器由排粪孔注入 80% 敌敌畏乳油 10～20 倍液，再用泥土封闭孔口。

24. 苹毛丽金龟（*Proagopertha lucidula*）>>>>

该虫寄主广泛，除为害蔷薇科的各种果树外，也可为害葡萄、核桃、板栗等，在我国各地均有发生，是一种常见的果树害虫。成虫在果树花期取食花蕾和花器，以及嫩叶，使受害花朵残缺不全。受害叶片呈缺刻状。

【形态特征】

1）成虫。体长 9～12mm，卵圆或长卵圆形。头、胸部黑褐色，有古铜色光泽。鞘翅茶褐色，半透明，由鞘翅上可透视出后翅折叠成"V"字形，鞘翅上有纵列成行的细小点刻。除鞘翅和小盾片外，身体密被黄白色绒毛。

2）卵。椭圆形，长 1.5mm 左右，初产乳白色，后呈黄白色。

3）幼虫。老熟幼虫体长约 15mm，头部黄褐色，体黄白色。

4）蛹。为裸蛹，初乳白色，后变为浅褐色。羽化前为深红色。

【生活史和习性】苹毛丽金龟 1 年发生 1 代，以成虫在土中越冬。第二年 3 月下旬出土活动，刚出土的成虫不取食，白天常在果园外的荒地上活动，夜晚入土。果树发芽后，迁到果园中为害，为害盛期在 4 月中旬至 5 月上旬。成虫具假死性，当气温升至 20℃ 以上时，成虫昼夜在树上；温度较低时，潜入土中过夜。9 月中旬为羽化盛期，成虫羽化后不出土即越冬。

【防治方法】

1）人工防治。成虫发生期，利用其假死性，人工扑杀。

2）地面防治。成虫出土期，在地面喷洒 50% 辛硫磷乳油 300

倍液，48% 毒死蜱乳油 600 倍液。施药后浅锄耙平。

3）树上喷药。成虫发生危害期，喷洒 20% 甲氰菊酯乳油 2000 倍液，或 90% 敌百虫晶体 800 倍液，注意避开果树开花期。

25. 东方绢金龟 （*Serica orientalis*） >>>>

东方绢金龟又名黑绒金龟子、天鹅绒金龟子。其为害樱桃、苹果、山楂、梨、桃、杏、枣、猕猴桃等果树。成虫取食嫩叶、花、芽；幼虫为害地下组织。

〔形态特征〕

1）成虫。体长 6~9mm，卵圆形，体黑或黑褐色，密被黑色绒毛，有丝绒光泽。前胸背板上密布许多刻点，鞘翅上具纵列刻点沟 9 条，臀板三角形，宽大具刻点，足黑色（图 2-35）。

2）卵。长约 1mm，椭圆形，乳白色。

3）幼虫。体长约 15mm，头黄褐色，胸部乳白色，腹部

图 2-35 东方绢金龟成虫

末节腹面约有 28 根刺，排列成向前的横弧列。

4）蛹。为裸蛹，体长 8~9mm。初黄色，后变为黑褐色。

〔生活史和习性〕东方绢金龟 1 年发生 1 代，以成虫在土中越冬。成虫发生期在 4 月上旬至 6 月上旬，盛期在 4 月中旬至 5 月中旬。5~6 月气温高时，成虫傍晚出土取食为害、觅偶交配。成虫有趋光性和假死性。成虫喜产卵于蔬菜作物田或草荒地。幼虫为害地下根部，幼虫期两个月左右，幼虫老熟后大多在 25cm 深的土壤中化蛹，蛹期 10 天左右。成虫羽化后在土中越冬。

〔防治方法〕

1）人工防治。利用成虫的假死性和趋光性，可在成虫盛发期在傍晚 7~8 时活动最盛期，组织人力捕杀；或用杨树或榆树枝把（每隔 15m 绑 1 束）诱集成虫，第二天早晨日出前振落杀死；利用

成虫的趋光性，在果园安装频振式杀虫灯（每2~3hm² 安装1台），对金龟子及多种果园害虫有良好的诱杀效果，对天敌诱杀力小。

2）地面防治。成虫出土期，在树冠下的地面喷洒50%辛硫磷乳剂300倍液，喷后及时浅锄，毒杀出土成虫或初孵幼虫。

3）树冠喷药：药剂防治参考苹毛丽金龟。

26. 大灰象甲（Sympiezomias lewisi）>>>>

大灰象甲又名日本大灰象，食性杂，主要寄主有桃、李、杏、樱桃、苹果、梨等果树，及棉花、甘薯、大豆等农作物。以成虫为害幼芽、叶片和嫩枝，受害部位残缺不全。幼虫取食植物地下部组织。

【形态特征】

1）成虫。成虫体长7~12mm，灰黑色，鞘翅上有10条纵列刻点和褐色不规则花纹（图2-36）。

2）卵。长椭圆形，初产时乳白色，渐变为黄褐色，数十粒排列在一起。

3）幼虫。长约17mm，乳白色，体弯曲、无足。

图 2-36　大灰象甲成虫

【生活史和习性】　大灰象甲在北方1年发生1代，以成虫在土中越冬。第二年4月成虫出土活动，先取食杂草，樱桃发芽后为害新梢的嫩芽、嫩叶。受惊扰有假死现象。以4~5月为害最重。6月陆续产卵，卵多产在叶片尖端，将叶纵合成饺子状，将卵包于其中。老熟幼虫在土中化蛹，并羽化成虫，成虫不出土即越冬。

【防治方法】

1）人工防治。大灰象甲有假死性，可于成虫期实行人工捕杀。

2）地面喷药。对为害严重的果园，于春季越冬成虫出土期，在树冠下喷洒50%辛硫磷乳剂300倍液。

3）树上喷药。成虫产卵期，在树上喷洒48%毒死蜱乳剂1500倍液、20%甲氰菊酯乳剂2000倍液、50%杀螟硫磷乳剂1000倍液。

三、不良环境反应

1. 冻害 >>>>

樱桃冻害有两种，一种是早期冻害，发生较早，多在休眠期的春节前后发生，主要由极端低温或持续低温引起，造成花芽受害或果树死亡。另一种是晚霜冻害，多在樱桃树萌芽以后到幼果期发生，由温度回升后突然降温或发生霜冻引起，造成花朵或幼果受害(图3-1)。

孙玉刚摄

图3-1 樱桃受冻害症状

樱桃适宜在年平均气温 10 ~ 12℃ 的地区栽培，年日均温度 10℃ 以上的天数要求为 150 ~ 200 天。冬季气温突然大幅度下降或持续低温就容易发生早期冻害；尤其在幼树枝条发育不充实或停止生长时间较晚的情况下更易发生。一般发生冬季早期冻害的临界温度为 -20℃，但冬季气温在 -16℃ 以下，持续 1 ~ 2 天以上也会产生不同程度的冻害。

一年生枝受冻后，从基部到中、上部芽鳞片松动枯死，春季不萌发。2 ~ 3 年生枝中上部的叶芽、花芽也出现相同情况。有些枝条上的芽萌发后，鳞片开裂呈五角星状，但不再继续生长，仔细观察，芽的生长点已受冻致死。成龄树枝干受冻后，主干或骨干枝输导组织遭破坏，树皮褐变纵裂，生长季流胶，骨干枝枯死或整株死亡。当地面小气候急剧变化时根颈最易受冻，树皮变色，局部或环状干枯。新栽幼树，最易因根颈受冻而死亡。另外，冻融交替，易导致日灼现象发生；冻旱失水，易导致枝干干枯。

在同样的低温条件下，气温下降快的冻害重；壮树、树体储藏养分多的树冻害程度较轻。地势较高、背风向阳的樱桃园，受害轻或基本不受害；背阴风口、地势低洼或沟谷地的樱桃园受害重。不同种类之间，以酸樱桃的耐寒力较强。抗冻力较强的品种有大紫、佐藤锦、红灯、雷尼、红丰、先锋、奇好、友谊、美早等。拉宾斯、意大利早红、砂蜜豆和早大果等抗冻性弱。以大青叶作为砧木的甜樱桃抗冻性较弱。一般成龄树比幼龄树、生长健壮比树势衰弱、成熟度高的枝条比未成熟的枝条抗冻力强。果园肥水管理、花果管理、整形修剪和病虫害防治等综合管理水平与冻害程度密切相关。管理水平高，负载合理，叶片保护好，生长势中庸健壮的树，受冻程度轻；反之，肥水管理不当或氮肥过多，旺长树，负载量过大、病虫害防治不及时、过度干旱或长期积水导致生长势衰弱的树，易受冻害。

樱桃容易受霜冻的危害，尤其是 3 月中下旬到 4 月上旬的晚霜危害。此时樱桃树正处于初花或盛花期，极易遭受晚霜冻害，导致大量减产、品质下降，严重时甚至绝收。花期霜冻的临界温度因开花物候期而异，一般是随着物候期的推移，耐低温的能力减弱。花蕾着色期遇到 -5.5 ~ -1.7℃ 的低温，开花期和幼果期遇到 -2.8 ~ -1.1℃ 的低温，均会发生冻害，轻者伤害花器、幼果，重者濒于绝产。在北方，樱桃几乎每年都遭受不同程度的晚霜冻害，给果农造成经济上的巨大损失。

（1）早期冻害和晚霜霜冻的预防措施

1）选择适宜的地方建园。新建的樱桃园，应选择背风向阳的地方，不要在地势低洼或阴坡地建园。这些地方秋季降温早，春季升温慢，冬季夜间停积冷空气，积温较低，易使樱桃遭受冻害。

2）选用抗寒砧木和优良品种。选用在当地试栽成功且抗寒性表现较为优良的品种和砧木。

3）营造果园防护林带。防护林带走向以防御冬季盛行的偏北风和西北风为主要目的，一般以带长 200 ~ 300m 及带宽 10 ~ 12m 为宜。栽植树种包括 4 ~ 5 行主栽树种和 2 行搭配树种或 2 ~ 3 行灌木，主栽树种多为高大的杨树，搭配树种多为较矮小的刺槐等，灌木树种多用女贞、冬青等。主栽树种株行距均为 2m，搭配树种行距 2m，株距可稍密，整个林带由主栽树种、搭配树种和灌木树种形成高、中、矮 3 种梯度。

4）加强树体和肥水管理，增强树势，以提高树体的抗冻能力。对弱树要加强生长前期的肥水供应，并中耕松土，促进树体的生长发育；对生长过旺的树，要采取摘心、扭梢、拉枝、控肥控水等措施抑制其旺长，促进枝条成熟老化，增加树体营养积累。冬剪回缩、疏除大枝时，在剪锯口涂抹凡士林等保护剂，防止剪口失水和因气温过低而受冻害。果园覆草能增温保湿，降低果树的冻害程度。早施和深施基肥以提高肥料的利用率，有利于土壤增温及储藏营养。在 7～8 月，叶面喷施磷、钾肥，生长后期要适当控肥控水，少施氮肥，注意增施磷、钾肥和农家肥，促使树体储藏营养，增强树体的抗寒能力。

5）加强病虫害防治。要做好病虫害防治工作，防止因病虫危害造成樱桃树落叶，以提高光合效能，积储营养，促进枝条成熟，提高越冬性。对于机械损伤或病虫危害及修剪等造成的伤口要进行保护。

6）灌水和喷水。水热容量大，对气温变化有一定的调节作用。在封冻前，土壤"夜冻昼化"时，灌足越冬水，既可防止春旱，促进果树生长发育，又可使寒冬期间地温保持相对稳定，从而减轻冻害。花芽萌动前对树体喷水或蔗糖水，可提高树体自身的抗冻能力，预防花期霜冻。

7）培土与覆盖。对 1～3 年生幼树，在封冻前于树体根颈部周围培土，厚度 20～30cm，待第二年早春气温回升后，及时把土扒开；或在霜降前于树盘下覆盖 1m² 的地膜，然后在地膜上加盖 15～20cm 的草，可明显提高幼树的越冬性。对成龄树，用杂草、树叶、厩肥等在低温来临前覆盖在树盘内，厚 10～15cm，既可提高地温 3～5℃，又可增加土壤养分及保墒。

8）树干涂白。涂白剂可使树体温度变化稳定，既防冻、防日灼，又能杀死潜藏在树干中的病虫。涂白液的配制比例及配制方法见附录 F。

9）药剂防冻。在入冬前涂抹或喷施果树专用防冻剂或保护剂，能增强树体抗冻能力，减轻樱桃冻害。樱桃开花前 2～3 天喷施植物抗寒剂，正在开花的树在低温来临前喷 0.3% 的磷酸二氢钾 + 0.5% 的白砂糖液 + 天达 2116 果树专用 600 倍液，连喷 2～3 次，可起到防冻作用。

10）熏烟。熏烟可使气温提高 3～4℃，能减少地面辐射热的散发，同时烟粒可吸收空气中的湿气。在容易发生寒流的月份，要及时注意天气预报，在低温寒流到来前，以碎柴禾、碎杂草、锯末、糠壳等为燃料，堆放后上压薄土层，待气温下降到果树受冻的临界温度前点燃，以暗火浓烟为宜，并控制浓烟使烟雾覆盖在果园内的空间。每亩果树可设 4～5 个烟堆，每堆用料 15～20kg，并将其设在上风口。

11）延迟开花。从 2 月中下旬至 3 月中下旬，每隔 20 天左右喷 1 次 100～150 倍的羧甲基纤维素或 3000～4000 倍的聚乙烯醇，可减少树体水分蒸发，增强抗寒能力。

提示 对樱桃树冠喷洒 250～500mg/kg 萘乙酸钾盐溶液，可抑制花芽萌动。萌动初期喷 0.5% 的氯化钙溶液，花芽膨大期喷洒 200～500mg/kg 的顺丁烯二酸肼溶液，均可延迟花期 4～6 天，减少花芽冻害发生概率。

12）研究开发防冻技术设施。有条件的果园设置升温装置及高空棚盖和简易活动大棚等防御设施，是解决霜冻、冷害、雨害等多种自然灾害的综合措施。如在樱桃园区四周设置加热器，结合吹风机鼓风，可提高气温 3～5℃，防霜效果好；也可架设高空棚帐，其方法是早春在樱桃的行间每间隔 4～5m 设立 1 根水泥柱或石柱，柱顶比树高高出 30～50cm，柱间以竹竿作为托梁，在晚霜来临前覆盖塑料薄膜，四周用绳索拉紧，全园覆盖，四周可不盖薄膜，以利通风，霜后揭膜。

（2）冻害后的补救及管理措施

1）喷保护剂减轻晚霜危害。对遭受霜冻的樱桃树，喷施 1～2 次（间隔 7 天）200 倍蔗糖＋800 倍天达 2116＋30～40mg/kg 赤霉素＋60% 百泰水分散粒剂 1000 倍，以提高坐果率，并迅速补充营养，修复伤害，促进幼果发育，减少病菌感染。

2）加强树体肥水管理。冻后追施优质专用肥或速效肥，促进树体早恢复，并适当晚疏果、留好果，提高果品质量档次，弥补霜冻损失。待受冻伤花、果、枝、叶恢复稳定后，及时进行复剪。将冻伤严重不能自愈的枝叶和残果剪掉，否则将影响光照的密集枝、徒长枝疏除，旺梢摘心，以改善光照、节约养分、促进果实发育。对霜害严重、坐果少、长势旺的园区或单株，喷施 1 ~ 2 次 200 倍 PBO（果树促控剂）可控制旺长。

2. 雹害 >>>>

冰雹，又称为雹子、冷子和冷蛋子等，是从发展旺盛的积雨云中降落的一种固态降水。

冰雹发生的范围小，但地区分布广，尤以中纬度高原及山区出现频繁，多为一狭长地带，长约几公里至 30km，最长可达百余公里，宽度只有几公里，最宽 20 ~ 30km。降雹常突然发生，来势凶猛，强度大，多伴有狂风骤雨。每次持续时间一般只有 5 ~ 15min，间歇性降雹可达 3 ~ 4h。大部分地区 70% 的降雹发生在 13 ~ 19 时，以 14 ~ 16 时最为常见，往往给农牧业、工矿业、电讯、交通运输以至人民的生命财产造成较大损失。

樱桃树遭受冰雹袭击后，常造成枝条断裂，叶片、果实被砸伤，严重的出现大量落花、落果、落叶现象，严重影响树势和产量，且易引起病虫害的发生和蔓延。

（1）预防措施

1）避开降雹区建园。规划樱桃园时应避开"冰雹带"，应在不易发生雹害的区域栽树建园。

2）架设防雹网预防。选用的防雹网，首先要重量轻，每亩重 30kg 以内；其次要抗老化，应用时间至少要 5 年以上；三要透光性强，不影响果树生长；四要网孔以菱形为主，大小以 11mm×11mm 为佳，网幅宽度为 6m、8m、12m 均可；五要网的颜色以白色为主，如果海拔超过 1000m，可选用黑色或其他颜色。使用时，在果园上空架设防雹网，晴天将网拉向一边收拢，一旦出现降雹天气则迅速将网支开。

3）进行合理修剪。首先严格疏花疏果，在保证质量的前提下多留下裙、内膛、背后枝上的果实。同时在不影响光照的前提下，适当留有一定的背上生长枝组和外围生长枝。既减轻雹害，又防止日灼。

4）加强冰雹的预测预报工作，防雹措施和其他准备工作也要提前做好。

（2）受灾后的补救及防护工作

1）及时清园。剪除雹灾引起的残枝、残叶和重伤果，并清除出园，深埋或焚烧。已折断或劈裂的新梢和枝干，可将其及时剪除，伤口要剪平，以缩小伤口面积，有利于愈合。被雹子砸伤的重伤果，严重影响发育的可摘除，若受伤面积不大、程度较轻的幼果可保留。清理园内沉积的冰雹，并排除积水，以保证果园地表得到晾晒，提高地温。为了迅速提高地温，在晴天连续深翻土壤 2~3 次，以挥发土壤中过多的水分，改善土壤的通透性。

2）加强病虫害防治工作。喷洒杀菌剂，避免病原菌从雹灾伤口处侵入蔓延。由于风雹的袭击，新梢、叶片、枝干、果实等部位都有不同程度的损伤，病菌极易侵入感染。常用的药剂有 80% 大生 M45 可湿性粉剂 800 倍、70% 甲基托布津可湿性粉剂 1000 倍、25% 戊唑醇水乳剂 1500 倍液等。

3）及时追肥。叶片被冰雹砸伤后，不仅养分的制造受到阻碍，而且伤口愈合也需要大量营养。因而灾后要及时补充速效肥料。一是在地下追施尿素等速效肥料，最好是氮磷钾混施，采用多点穴施法。二是结合喷药进行叶面喷肥，可选择 0.3% 的尿素或 0.3% 的磷酸二氢钾。

4）疏松土壤。雹灾后土壤通透性变差，地温偏低，根系生长受到影响。因而要及时中耕松土，增加土壤的通透性。低洼地要做好排水工作，为根系的生长创造一个良好的生长环境。

5）加强灾后的树体保护。对枝干上的伤口仔细检查，进行消毒、包扎，以利于愈合。疏除过密枝、徒长枝，使树冠通风透光；对结果树及时扶正，绑扶风折枝，剪除劈裂枝。摘除部分弱小的果实，以减轻负载量。

3. 鸟害 >>>>

近年来，随着人类对野生动物保护意识的提高，鸟类生存空间有了很大改善，鸟类的数量明显增加，导致果园内鸟类猖獗的问题越来越严重，严重影响了水果的产量和质量，对樱桃等果树品种的危害尤其严重。樱桃受害后，不仅直接影响产量和品质，还容易引发其他病害的发生。樱桃是落叶果树中较早成熟的果品，一般从5月中下旬开始就有樱桃陆续成熟。对鸟类而言，此时可取食的水果品种仅有樱桃、桑葚等少数几种，所以为害格外严重。给樱桃造成严重危害的鸟类主要是喜鹊、灰喜鹊、白头鹎、灰椋鸟、八哥、树麻雀等，尤以喜鹊、灰喜鹊和树麻雀的危害较重。在山东泰安地区，每年因鸟类给樱桃造成的损失达20%以上（图3-2）。鸟害防治技术主要有以下几种。

图3-2　樱桃受鸟害症状

（1）物理防治　主要是利用声音和视觉驱鸟，应用效果较佳。另外，还有人工驱鸟、烟雾驱鸟、设保护网、套袋等方法。

1）声音驱鸟法。

①语音驱鸟法。将枪鸣声、鞭炮声、害鸟天敌鸣叫声或鸟类求救声录下来，在果实着色期将录音机放于果园中心，设置好响度和自动开启的时间，间歇性播放，有较好的驱鸟效果。智能语音驱鸟器是一款专门用于果园驱鸟的驱鸟器，它不仅可以用鸟类恐惧、愤怒的声音驱赶鸟类，还能利用这些声音吸引天敌。

②煤气炮法。煤气炮也是驱鸟的一个好措施。利用煤气爆炸产生的巨大声音把鸟类吓跑，煤气炮的发声间隔不能低于3min/次。

③人工用高音喇叭喊叫、不定时燃放鞭炮等方法对驱鸟都有一定效果。

2）视觉驱鸟法。

①悬挂彩条法。在树上或园区高处悬挂彩色闪光条。彩色闪

光条是一些发亮的塑料条，把它们挂在樱桃园四周树上，随风舞动，可以反射太阳光，起到驱鸟的作用。

② 彩色风轮法。在樱桃树上方用棍棒绑缚彩色风轮，该彩色风轮叶片上带反光用的镜片，风轮一转动，不断闪光可驱赶鸟类。

③ 地上铺设反光膜。樱桃果园地面铺反光膜，反射的光线使鸟类不敢靠近樱桃树，同时对果实着色也有一定的帮助。

④ 假人或鸟类天敌法。在果园视角较好的位置放稻草人是最常用的方法。另外在树枝上拴一些画有鹰眼、老鹰等害鸟天敌图案的气球，或制作鸟类天敌如鹰等的模型悬挂，以达到恐吓害鸟不敢靠近为害的效果。

⑤ 设保护网法。悬挂保护网成为一种被普遍应来防止鸟类为害的有效方法。在鸟类为害前，用纱网、丝网等保护网将樱桃树覆盖起来，在樱桃采收后撤去即可。但该法影响农事操作的方便性并需要一定的资金投入，还要结合树形修剪。

⑥ 烟雾驱鸟法。在樱桃园中或园边焚烧残枝树叶或施放烟雾，能有效地驱散害鸟。但要注意远离果树操作以防烧伤果树和枝叶。

⑦ 喷水驱鸟法。结合灌溉和"暮喷"进行喷水驱鸟。

⑧ 人工驱鸟法。鸟类在清晨、中午和黄昏时段为害果实较严重，可在此时段设专人驱鸟，及时把鸟驱赶至远离果园的地方，大约每隔15min在果园中来回巡查、驱赶1次。

（2）化学防治 化学驱鸟法是指向樱桃树喷施鸟类不喜啄食或感觉不舒服的化学物质，迫使鸟类到别的地方取食。一般在果实近成熟时开始施药，共施药2～3次，果实采收前7天最后一次用药。现在登记注册的化学驱避剂已有几十种，其中氨茴酸甲酯等驱鸟剂的应用已经相对成熟。

综上所述，樱桃园鸟害是一个日趋严重的问题，以上几种防控措施在一定程度上都有作用，但由于鸟类的适应能力强，短时间内又会重新飞回果园为害，所以任何单一的驱鸟方法都有一定的局限性，需要多种方法综合运用才能起到较好的防治效果。

4. 旱害 >>>>

持续的高温干旱会给生长中的樱桃树造成严重的伤害，从而极大程度地影响果树的产量与品质。

干旱可使樱桃树体内水分收支失衡，发生水分亏缺状况，导致果树生长减慢，叶片卷曲、下垂甚至脱落，枝条逐渐干枯，直至死亡；果实易出现开裂、变色、硬化等现象。花期遇旱易引起花蕾脱落；果实发育期、膨大期遇旱，会发生发育速度减慢等症状（图3-3）。可采取以下几种措施来减轻或补救旱害。

（1）选择抗旱品种及抗旱砧木　在干旱地区建园时应选择抗旱的樱桃品种和砧木进行栽培。

（2）果园覆盖抗旱技术在全园或植株周围覆盖作物秸秆、无种子的杂草和塑料薄膜。树下覆膜能减少水分蒸发，提高根际土壤含水量。薄膜覆盖一般在春季3～4月进行，覆盖

图3-3　樱桃受旱害症状

时可顺行覆盖或只在树盘下覆盖。果园覆草一年四季均可进行，以夏季为好；旱薄地多在20cm土层温度达20℃时覆盖。麦秸、麦糠、杂草、树叶、作物秸秆和碎柴草均可用作覆草材料。果园生草推广草种为白三叶，不种草时要尽量保留园间杂草，进行活覆盖。LS地布是一种新型果树覆盖材料，使用寿命长，能抑制各种杂草生长，有较好渗水性，可保持土壤水分，减少水分蒸发，同时有利于根部的呼吸，应用效果也很好。

（3）节水灌溉法

1）滴灌。滴灌是一种用水经济、省工省力的灌溉方法，特别适用于缺少水源的干旱山区及沙地。应用时要注意喷头的质量和水的过滤。水中的杂质和藻类及质量较差的喷头容易使喷头发生堵塞。

2）喷灌。喷灌可节约用水，保护土壤结构，调节果园小气候，

清洁叶面，遇霜冻时还可减轻冻害。盛夏喷灌可降低叶温、气温和土温，防止高温、日灼伤害。喷灌可以结合喷洒农药和液肥进行。

3）微喷。微喷具喷灌与滴灌的优点，克服了两者的缺点，比喷灌更省水，比滴灌抗堵塞。

4）埋土罐法。

> 📢 **提示** 埋土罐法适用于山区干旱缺水果园，具体做法是：结果园每株树埋 3~4 个泥罐，罐口高于地面，春天每罐灌水 10~15kg，用土块盖住罐口，1 年施尿素 3~4 次，每次每罐 100g。干旱时罐内水分通过土壤给根系供应水分，雨季来到时，土壤中过多的水分可以从外部向罐内透漏，降低土壤湿度，创造根系生长的适宜小气候。

5）穴贮肥水法。在树冠投影边缘向内 50cm 处选较低处挖 40cm 深的穴，把玉米秆或高粱秆把或草把（捆成直径 15~25cm、长 30~35cm，放在水中或 5%~10% 的尿素液中浸透），垂直放入穴中央，草把周围用烂草加复合肥回填踏实，使穴面较低。覆盖少部分土后浇水覆膜，膜上开孔，平时用石块瓦片盖住，降雨时揭开。穴的数量根据树体大小而定，一般为 6~9 个。穴的位置每 1~2 年换一个地方。

（4）化学试剂抗旱法

1）施用吸湿剂。1m² 地面撒吸湿剂 100g，便可使土壤水分增加 800 倍，土壤水分蒸发减少 75%，并可从大气中吸水。在一次浇水或雨后便可储存水分供果树长年吸收。

2）抗蒸腾剂应用。旱地龙是一种多功能植物抗旱、生长营养剂，可起到一定的抗旱作用。其以天然低分子量黄腐殖酸为主要成分，并含有植物所需的多种营养元素和 16 种氨基酸及生理活性强的多种生物活性基因。既能促进根系发育，又能降低蒸腾作用的抗旱药剂。早期喷布，能明显改善植物体内的水分状况。

3）抗逆剂的应用。乙酰水杨酸（阿司匹林）可以提高果树抗逆力，樱桃树叶面喷施 0.1% 的乙酰水杨酸水溶液，连续喷施 2~3 次，或在土壤浇灌时加入0.01%的乙酰水杨酸水溶液，可以减少因干旱引起的落花落果现象。

（5）加强栽培管理技术

1）合理密植。干旱的条件下，一般进行中等密度栽植，株行距（2.5~3）m×4m，园地尽量平整，要大坑（1m³）栽植。

2）合理修剪。采用自由纺锤形和细长纺锤形树形。修剪时要少造伤，多留保护桩，修剪后要用封剪油或润肤油及时涂抹剪锯口，防止树液蒸发。春季及时抹掉多余的萌芽，夏季疏掉无效枝。以花定果，合理负载，限制产量，减少树体养分的无效消耗。

3）合理施肥。增施有机肥，实行配方施肥，增强树势，提高果树抗旱力。秋季降雨较多，土壤湿度大，及时施基肥利于树体储藏养分，提高第二年春季树体的抗旱、抗寒力。施肥应以合理深施为宜，诱导根系向下生长，增强抗旱性。

4）果园勤深耕。深耕结合细耙是防止土壤水分蒸发的有效措施，深耕应与保持水土相结合，否则大雨、暴雨会使水土流失。深耕果园可间作一些豆科绿肥，起到固土肥田的作用。

5）及时除虫保叶。高温干旱季节，部分害虫，如叶蝉、网蝽、叶螨、蚜虫之类为害会加重旱害，造成果树旱害、虫害双重危害，加重落叶，削弱树势，对当年果实产量、品质和第二年花芽分化极为不利，须加强防治。

6）叶面喷肥。早晚用0.2%~0.3%磷酸二氢钾叶面喷施，可有效增强树体抗旱性。

（6）临时应急措施

1）架设遮阴网。在果园上部架设遮阴网，给果树遮阴，避免阳光直射暴晒。

2）喷水。在下午1：00~3：00温度高、阳光直射暴晒时，向树体的阳面，尤其是树冠西南向间歇性喷清水，可降低局部温度，避免果实日灼。

5. 涝害 >>>>

樱桃根系浅，呼吸作用强，所以极不耐涝。近年来樱桃产区降雨量极不均匀，涝害造成落叶或死树的现象普遍发生。

大量降雨后，樱桃树浸泡在水中，根系的大量矿质元素及重要中间产物淋溶丢失，以及在无氧呼吸中产生的有毒物质，如乙醛、乙醇等使其受害，出现烂根、叶片萎蔫、黄化等症状，严重的甚至出现死枝或死树现象（图3-4）。

（1）涝灾的预防措施

1）建园前严格按防涝标准整地。地块较小的山坡地，首先要加宽加深内堰沟，确立定植位置后先整树盘，搞局部整平，然后再栽树。宽度在几十米以上、土层较厚的地块，可按四通一平、条田标准整理。主要技术标准为：每8～10 m挖一条宽1m、深0.8m的纵向

图3-4　樱桃受涝害症状

排水沟，每30～35m挖一条宽0.8m、深0.6m的横向排水沟，并且纵向与横向排水沟相连接，使水能排出地外。树盘周围地面应高于行间地面10～15cm，以利于灌排水。在地下水位高和易发生涝灾的地区，推广起垄栽培技术。

2）砧木选择。就抗涝性状而言，酸樱桃抗涝性最好，其次为考特（Colt），中国樱桃大叶品系好于中国樱桃小叶品系。在选用砧木时，可根据地下水位的高低和立地条件因地制宜。

3）解决死穴与暗涝的措施。开穴栽树松土层较浅，容易发生死穴和暗涝问题。一般松土层20～30cm的地块，在挖穴时，必须挖穴与穴之间相连接的纵横向沟，以解决死穴问题，防止局部涝害。

4）加强防倒伏措施。在涝害死树中，部分是因倒伏后造成的。

（2）涝灾后补救措施及果园管理

1）挖沟排水。水灾后，要立即对果园进行挖沟排水、清理淤泥。每行之间挖深0.3m、宽0.5m左右的排水沟排除地上积水及土壤中过多的水分。

2）整理受灾树木。对死树要及时清理出园，对受损较轻的樱

桃树要慢慢扶正并用支架固定，剪掉受损枝条，将剪掉的枝条以及落叶、落果清理出园并进行无害化处理。

3）及时进行中耕。排水后要及时进行中耕，特别是要及时疏松树盘，增加土壤的透气性能，给根系生长创造一个良好的生长环境，促进根系生长。

4）加强田间管理。晴天后要及时进行叶面喷肥，以尿素（0.3%）或磷酸二氢钾（0.3%）为主。结合中耕适时追施尿素、果树专用肥、磷酸二铵、厩肥。秋季要早施、多施基肥，保证树体营养。

5）加强病虫害防治。受涝害的樱桃树极易遭受病虫害的侵染。可喷施70%的甲基托布津可湿性粉剂800倍液+80%的代森锰锌可湿性粉剂700倍液+天达2116营养液600倍液，防治病害发生并提高树体的抗逆力。

6. 风害 >>>>

在多风地区发展的樱桃园常发生风害。尤其是沿海地区每年夏秋间易受台风的威胁和影响，低气压及雷阵雨等带来的强风，往往使樱桃树枝折树倒，叶片、果实落地。

北方冬春季的大风易加剧水分的散失，造成樱桃树越冬抽条；花期风沙影响樱桃花期受粉，降低坐果率。春夏季的旱风，易加剧旱情，并加重早期落叶。

（1）风害的预防

1）建园。应避免选在山顶、风口等易遭风害的地点建园。

2）营造防护林。防护林应根据果园规模和有害风向，参照地势、地形和气候特点进行设计。小型果园可在果园外围主要有害风向的迎风面栽植2~4行乔木作为防风林带即可；大、中型果园，则应建立果园防护林网，在多风地带、平原风沙地带、沿海滩涂地带建大型果园时，可在果园四周建立带幅较宽的基本防风林带。山区及风口果园则应设置较密集的林带作风障。防护林应在果树定植前2~3年开始营造，乔木树种的株行距为1m×2m，灌木的株行距，通常均为1m。林带与果树之间应挖渠沟，以隔断林木根系侵入果园，并兼作果园排水沟。防护林的乔木树种要求生长迅速、树体高大、枝叶繁茂、寿命长、根多深、适应性强并与果树无共同病虫害的本土树种；灌木则应选用再生性强、枝叶茂盛且有早期经济效益的种类。果园常用的乔木树种有加拿大杨、毛白杨及各种杂交种杨等；灌木树种有紫穗槐、荆条、枸橘、花椒、冬青等。

3）加强病虫害防治工作，特别是天牛、木蠹蛾、吉丁虫及干腐病、木腐病等病虫对树木木质部的破坏极大，极易引起风折，应注意加强防治。

（2）风害后的补救措施

1）扶正树体。扶正被大风刮倒或倾斜的新植幼树，并用木棍等固定，培土固根。大树扶正时先挖掉根颈部影响扶正的表土后扶正。

2）及时修剪。对断裂而未掉落的残枝应立即在劈裂处短截，已断枝的断口也要在合适的分枝处短截。短截后要及时涂抹伤口保护剂进行保护。

3）追肥。及时对树体补充养分、追施肥料，以利快速恢复生长。灾后树体枝、叶、果均不同程度受伤，因而养分制造运输受阻，且各器官呼吸作用增强，消耗大，因此应该补充营养。

4）树体保护。疏除过密枝、徒长枝。摘除部分弱小果，以合理负载量为树体恢复创造条件。风后要及时喷药保护树体，预防病虫害发生。应根据病虫种类选择合适药剂进行防治。25%戊唑醇水乳剂1200倍液 + 10%吡虫啉可湿性粉剂2000倍液 + 48%毒死蜱乳油1500倍液，可防治多种病害及害虫。加喷天达2116果树专用营养液600倍液可提高树体抗逆性，以减轻风害危害。

7. 药害 >>>>

果农在使用农药防治樱桃病虫草害时，樱桃树由于多种因素有时会产生药害，轻者叶、花、果出现斑点或焦枯、畸形，重者落叶、落花、落果，甚至枯枝死树（图3-5）。

（1）药害症状　根据药害发生的快慢和症状明显程度，一般分为急性药害、慢性药害和残留药害三种。

1）急性药害。指在施药后很快（几小时或几天内）就出现药害症状。其特点是发生快、症状明显，肉眼可见。一般表现为叶片上出现斑点焦灼，穿孔或失绿、黄化、畸形、变厚、卷叶甚至枯萎、脱落等症状；果实上出现斑点、畸形、变小、落果等症状；花上表现枯焦、落花、变色、腐烂、落蕾等症状；植株生长迟缓、矮化甚至全株枯死。

图 3-5　樱桃受药害症状

2）慢性药害。指在用药后并不很快出现症状的药害。其特点是发生缓慢，有时症状不明显，短时间内不易判断。多在长时间内表现生长缓慢、发育不良、开花结果延迟、落果增多、产量降低、品质变劣等。

3）残留药害。果树喷药时，有一半以上的农药落在地面上，撒毒土或土施时药剂基本上都留在土壤里。这些农药有的分解较慢，在土壤中积累到一定程度，就会影响果树生长。其症状与慢性药害类似。根据药害发生部位不同，又可分为芽部、叶部、果实和枝干药害等。

①芽部药害。表现为发芽推迟，严重时部分芽变黑枯死。

②叶部药害。叶面呈圆形或不规则红色药斑，叶边缘变褐并干枯，重者全叶焦枯。

③果实药害。幼果果面初呈红褐色小斑点，随果实膨大呈圆形斑，有的在施药后6天左右幼果大量脱落，重者全树落光。果实膨大期受害，果面呈现铁锈色或形成花脸果等。严重影响果品经济性状。

④枝干受害后，从地面沿树干向上树体韧皮部变褐。严重的延伸到2~3年生枝，全树叶片变黄脱落或干焦在树上；受害轻的果树部分果枝枯死，严重的全株枯死。

（2）药害产生的原因

1）药剂因素。药剂的理化性质与果树的关系最大。一般情况下，水溶性强的、分子小的无机药剂最易产生药害，如铜、硫制剂。水溶性弱的药剂相对比较安全，微生物药剂对果树最为安全。农药的不同剂型引起药害的程度也不同，油剂比较容易产生药害，可湿性粉剂次之，颗粒剂则相对安全。施用假冒农药容易产生药害。目前市场存在部分假冒伪劣农药产品，购买时一定注意辨别真假伪劣。

2）樱桃树对药剂的敏感性。樱桃各个品种对多种药剂的敏感性不同。在使用某些敏感性药剂时，由于使用的浓度和时间不合适而容易发生药害。由于樱桃根系较浅，一般不应在樱桃园里施用除草剂，否则极容易发生除草剂药害。

3）药剂的施用方法。用药浓度过高，药剂溶化不好，混用不合理，喷药时期不当或间隔时间过短等，均易发生药害。由于病虫害产生抗药性，致使用药浓度越来越高，或误配使浓度过高，也会导致药害。或浓度正确而操作中重复使用或连续单一使用同一种农药。喷雾滴过大，喷粉不均匀时也会造成局部药害。有些农药不能混用，混用后不但药效丧失，有的还会产生药害。如波尔多液与石硫合剂、退菌特等混用或使用间隔少于20天，就会产生药害。药剂混配后浓度叠加更易发生药害，应适当降低浓度。

4）环境因素。环境条件中以温度、湿度、光照影响最大。高温强光易发生药害，因为高温可以加强药剂的化学活性和代谢作用，有利于药液侵入植物组织而易引起药害。在有风的天气喷洒除草剂等药剂，易发生"飘移药害"。

（3）**药害的预防**　施药时要了解药剂的性能及樱桃品种的特性，选择适合的用药环境和正确的施用方法。使用农药时，严格遵守《农药安全使用标准》，按照操作规程使用，要本着以预防为主的原则，切实注意以下两点。

1）小区试验法。各种药剂尽管都有使用说明，但不尽详细，在不确定时，应先作小面积区域试验。一般4~7天后无药害即可大面积使用。

2）合理使用农药。应根据樱桃对农药的敏感性及防治对象的耐药性，综合农药性质选择合适农药；对使用浓度和用药时期严把关；合理科学用药，尤其是混合农药，要严格按规定混配。不重复使用或连续单一使用同一种农药。

（4）药害后的补救措施　由于使用农药不当而发生药害，应根据产生药害的具体原因和受害的程度，积极采取补救措施，尽量减轻药害的程度。

1）及时灌水喷水。发现药害时，应立即喷水冲洗受害植株，以稀释和洗掉黏附于叶面和枝干上的农药，降低树体内的农药含量。若是土施药剂引起药害，可采用果园灌溉排水法，稀释土壤中的农药，可灌溉 1～2 次跑马水，洗去土壤中的残留农药。

2）喷药中和。如药害造成叶片白化时，可用粒状的 50% 腐殖酸钠 3000 倍液进行叶面喷雾，或用 50% 腐殖酸钠 5000 倍液进行灌溉。如因波尔多液中的铜离子产生药害，可喷 0.5%～1% 的石灰水溶液来消除药害；如因石硫合剂产生药害，在水洗的基础上，再喷洒 400～500 倍的米醋溶液，可减轻药害；若错用或过量使用有机磷、菊酯类等酸性农药造成药害，可喷洒 0.5%～1% 的石灰水、洗衣粉液、肥皂水、洗洁精水等，或喷洒碳酸氢铵碱性化肥溶液，不仅有解毒作用，还可起到根外追肥促进生长的效果。

3）及时追肥。果树遭受药害后，生长受阻，长势衰弱，必须及时追肥以促使受害果树尽快恢复长势。如药害为酸性农药造成，可撒施一些草木灰、生石灰，药害重的用 1% 的漂白粉液进行叶面喷施。对碱性农药引起的药害，可追施硫酸铵等酸性化肥。无论何种药害，叶面喷施 0.3% 的尿素溶液 + 0.2% 磷酸二氢钾混合液，或 1000 倍液"植物动力 2003"，或"天达 2116"1000 倍液，每隔 15 天左右喷 1 次，连喷 2～3 次，均可减轻药害。

4）注射清水。在防治天牛、吉丁虫、木蠹蛾等蛀干害虫时，因用药浓度过高而引起的药害，要立即自树干上虫孔处向树体注入大量清水，并使其向外流水，以稀释农药，如为酸性农药药害，在所注水液中加入适量的生石灰，可加速农药的分解。

5）中耕松土。果树受害后，要及时对园地进行中耕松土（深度10~15cm)，并对根干进行人工培土，适当增施磷、钾肥，以改善土壤的通透性，促使根系发育，增强果树自身的恢复能力。

6）适量修剪。果树受到药害后，要及时适量地进行修剪，剪除枯枝，摘除枯叶，防止枯死部分蔓延或受病菌侵染而引起病害。

7）逆向补救法。如多效唑、PBO造成的药害可喷施赤霉素缓解。

8. 肥害 >>>>

因施大量的肥料，增加了土壤溶液的浓度，使果树根系吸收水分及无机盐发生困难，造成地上部分萎蔫；或因肥料选择不当，对叶面施肥时，招致大量肥害发生。

樱桃肥害的症状表现为：受害树体的根部须根和小根颜色变成红褐色后死亡，较粗大根的皮层变褐、木质部呈黑色。树体受害时枝条上的幼叶和花朵干缩萎蔫，影响展叶和开花。其至有些树的皮层还有一条从受害大根基部沿树干向上连续变褐、干枯下陷的条带，其皮下木质部变黑，遇大枝后沿该枝向前延伸，危害大枝。严重时整枝或整树死亡。根外追肥时，肥液浓度过高，致使叶片焦灼、干枯，有的甚至污染果面（图3-6）。

常见的肥害有以下几种情况：一是在深沟施肥时，由于无机肥料的肥块过大，或施用过于集中，造成树根烧灼，这种情况在缺水的果园中深15~25cm的浅土层中出现较多。二是叶面施肥时，由于对肥料品种选择不当，肥液浓度、施用时间、方法等掌握不当，而使叶片发生肥害。三是过量地或

李晓军摄

图3-6　樱桃受肥害症状

集中施用硫铵、碳铵和氨水等氮素类化肥后，易烧灼根系。四是施用有机肥时，没有充分腐熟而在地下遇到合适温湿度时进行发酵发热而伤害樱桃根系造成肥害。

（1）肥害预防措施

1）深沟施肥时要采取均匀施肥，粪土拌匀，均匀撒施，随水施入的办法。另外要根据各种肥料在土壤中的移动性不同，选择合适的追肥深度。一般氮肥在土壤中的移动性强，要浅施；钾肥、磷肥移动性差，宜深施；对于迟效性或发挥肥效缓慢的复合肥，要早施深施。

2）根外追肥时要选择适宜的喷施时期。开花前期、盛花期、幼果期、果实膨大期和采收期分段喷施。不同时期选用不同肥料种类，一般前期以氮肥为主，中期以氮磷钾均衡喷施，后期以磷钾肥为主。喷施时要注意采用合理的浓度和合适的时间。尿素 0.3% ~ 0.5%，磷酸钾、磷酸二氢钾 0.3%、微肥 0.1% ~ 0.2%。要避免在高温条件下施用，最好选择晴天或无风的阴天进行，在上午 10 时前和下午 4 时后进行。

3）要掌握好各种肥料的施用量，不要施用过量。根据"以树定量，看势下肥，树龄有别"的原则来确定。一般 1 ~ 3 年生幼树，距根颈 30cm 处开浅沟，每次施氮磷复合肥 0.2 ~ 0.4kg，过磷酸钙 0.3 ~ 0.5kg；4 ~ 9 年生初结果树，距根颈 0.8 ~ 1.2m 处开沟，每次株施尿素 0.4 ~ 0.5kg，过磷酸钙 1 ~ 1.5kg，或氮磷复合肥 1kg；进入盛果期的树，以每产果 1kg，需化肥 0.1kg 计算。采用氮、磷、钾配量施，施肥宜在树冠外围东、西、南、北四面或八面环状沟施。

4）施用有机肥料，要充分腐熟后再与土混匀后施入。

5）选用正规厂家生产的合格肥料，避免使用假冒伪劣化肥。新型肥料在没有掌握使用技术之前，最好是先做好小面积试验后再大面积使用。

（2）肥害补救措施

1）换土法。将施肥沟内的肥土挖出来分散到其他部位，沟内换入行间表土。

2）灌水稀释法。在施肥沟处挖一个浅沟，灌入一定量的水，使肥料随水移动分散而降低土壤中肥料的浓度。

3）对已经严重伤根的樱桃树，要清除植株周围上层土壤，切断已经烂死的粗根，用 30% 恶霉灵 600 倍液 + 25% 戊唑醇 300 倍液 + 适量生根粉灌根，并进行短期晒根，促进新根生长，再覆新土。同时对上部枯枝进行修剪。叶面发生肥害，应立即给叶面喷水或天达 2116 营养液 600 倍液。

四、樱桃病虫害综合防治策略

1. 樱桃病虫害综合防治的必要性 >>>>

在樱桃生产中，许多病虫害严重影响樱桃的生长发育、结果及果实的产量及品质。特别是近年来，消费者对果品的质量提出了更高的要求。然而，重栽轻管的问题仍然存在，尤其在病虫害防治上更为突出。表现在不按病虫害的发生规律盲目用药，重治疗轻预防；重药剂（化学药剂防治）、轻综合（农业、物理、生物防治）；致使药越用越多，生产成本越来越高，而病虫害却越来越严重。其后果是不仅杀死大量病虫的天敌，叶片遭药害，提前落叶，更为严重的是造成农药残留，严重影响樱桃的品质，成为我国樱桃出口创汇的障碍。因此，需要对这些有害生物进行合理防治。联合国粮农组织1967年对有害生物综合治理（IPM）的定义为：综合治理是有害生物的一种管理系统，它按照有害生物的种群动态及与之相关的环境关系，尽可能协调地运用适当的技术和方法，使有害生物种群保持在经济危害水平之下。因此，樱桃病虫害的防治正面临着新的转折，转向农业生态系统中的实施病虫害综合防治，实行无公害标准化生产，农业、物理、生物防治病虫害是我国果品生产的必然趋势。

2. 加强栽培管理，提高农业防治的有效性 >>>>

通过加强和改进栽培技术措施，选用抗（耐）病虫品种、营造不利病虫害发生的环境条件或直接清除病虫源，从而提高农业防治的有效性。农业防治是以防治农作物病、虫、草害所采取的农业技术综合措施、调整和改善作物的生长环境，以增强作物对病、虫、草害的抵抗力，创造不利于病原物、害虫和杂草生长发育或传播的条件，以控制、避免或减轻病、虫、草的危害。在樱桃的生产中，农业防治主要表现在以下几个方面：

（1）彻底清洁果园　结合冬季修剪，彻底剪除枝干上越冬的病、虫枯梢，清扫残枝落叶、杂草，刮除老、翘树皮，集中烧毁或深埋。这样就可消灭大量穿孔病、叶斑病、褐腐病、灰霉病、炭疽病、枝枯病的病菌孢子，以及桑白蚧、金缘吉丁虫、叶螨、梨网椿、卷叶蛾等害虫的卵、蛹、成虫，从而大大减少病虫害发生的基数。

（2）合理修剪　果园郁闭增加诱发穿孔病、叶斑病等叶部病害的概率，同时也能为蚜虫的繁殖和猖獗提供有利条件。因此，必须对果园进行合理修剪，改善园内通风透光条件。在修剪时，做好树体保护，对树枝修剪时要轻剪慢剪，避免修剪过重造成伤口；虫伤、机械伤口及冻伤最易使樱桃树感染流胶病、干腐病、木腐病等病菌，也是卷叶蛾的越冬场所。修剪出现伤口后应进行保护；及时剪除感病枝条，刮除病斑，刮除粗翘皮等病残组织，并将剪下的病枝废物运走，在远离果园处进行集中销毁。修剪带病树枝后要注意工具消毒，防止继续修剪时传染给健壮树。

（3）科学施肥与浇（排）水 施肥与病虫害的发生密切相关，如山楂叶螨和二斑叶螨的繁殖能力随叶片中氮素含量增加而增长，树皮中钾的含量与树体抗腐烂病的能力呈正相关。较高的湿度通常是穿孔病、叶斑病、灰霉病、炭疽病、根癌病的诱发因素。因此生产中应注意不要过量施用氮肥，以免引起枝叶徒长，诱发病虫。应多增施腐熟的有机肥，增强树势。并且果园浇水应避免大水漫灌，尽量采用滴灌、穴灌等措施。坚持多次少浇的原则，有效控制果园空气湿度。雨后要及时排水，防止内涝。

3. 利用害虫的习性，提高物理防治的效果 >>>>

物理防治是指利用各种物理因子或器械防治害虫的方法。如利用害虫的趋光性，在红颈天牛、吉丁虫、大青叶蝉及大多数鳞翅目害虫成虫发生期，于园内安装黑光灯、杀虫灯，可有效控制园内虫口密度。利用害虫的趋化性，在园内放置糖醋液，可诱杀果蝇、金龟子等害虫。利用害虫的假死性，在树体下铺塑料膜，振动树体，使其金龟子、金缘吉丁虫、大灰象甲掉落在塑料膜上，收集起来集中消灭。利用害虫越冬场所的固定性，于越冬休眠前在树干、大枝杈处绑草把，可诱集螨类、蜡类、草履蚧等害虫大量聚集越冬。在早春害虫出蛰前将草把清出园外，集中烧毁。

4. 应用生物技术，提高生物防治的应用前景 >>>>

生物防治是利用了生物物种间的相互关系，以一种或一类生物抑制另一种或另一类生物。它的最大优点是不污染环境，是农药等非生物防治病虫害方法所不能比的。目前，我国将生物技术主要用于防治害虫，少数用于防病。当前可以大量人工繁殖释放的天敌有苏云金杆菌、昆虫病原线虫、白僵菌、捕食螨、塔六点蓟马、赤眼蜂、草蛉等。在樱桃病虫害的防治上，多使用松毛虫赤眼蜂防治苹小卷叶蛾，在苹小卷叶蛾成虫发生盛期释放赤眼蜂，卵粒寄生率可达94.7%。

5. 合理应用化学防治，做到因地制宜 >>>>

在化学防治过程中必须做到合理使用农药，并遵循"严格、准确、适量"的原则。使用的化学农药要选择高效、低毒、低残留的农药品种，以确保樱桃的食用安全性。要搞好预测预报，合理安排喷药时间和用药种类，做到有针对性防治。没有达到病虫害防治指标的不得使用化学农药，以减少使用农药次数和使用量；达到病虫害防治指标的要及时用药，提高防效。同时还要严格执行农药安全间隔期限、防治适合期，对症下药，准确选择施药方式、剂量和次数，禁止盲目加大农药的浓度和用量。

五、农药的安全使用

农药安全使用是关系到农业生产、农产品安全、人畜安全、环境安全、生态安全以及可持续发展的重要课题。在农药的使用过程中，即使再优质的农药，如果使用农药的人没有掌握正确的安全使用技术和方法，就不会达到预期的目的，往往事倍功半，适得其反。因此，掌握安全正确的农药使用技术显得十分重要。

1. 农药剂型 >>>>>

农药剂型加工是指在农药原药中加入适当辅助剂，赋予其一定使用形态，以提高有效成分分散度，优化生物活性，便于使用。目前较为常用的农药剂型见表5-1。

表 5-1　较为常用的农药剂型

剂　型	主要组分	用　途	优　缺　点
乳油（EC）	原药、溶剂、乳化剂等	主要用于喷雾，或拌种、毒土等	在水中有很好的分散性和稳定性；因使用大量的有机溶剂，增加环境负荷，有使用逐渐减少的趋势
粉剂（DP）	原药、填料、稳定剂等	用于喷粉、撒粉、拌毒土等	不能用于喷雾
可湿性粉剂（WP）	原药、填料、湿润剂等	可用于喷雾、作为毒饵、土壤处理	比粉剂的细度更高，有较好的润湿性和悬浮性；悬浮率较差的可湿性粉剂药效差，且易引起药害
水剂（AS）	原药、水等	用于喷雾	水溶性好，但有的长期贮存易分解失效
悬浮剂（SC）	原药、分散剂等	用于喷雾	安全、高效、成本低的水基性剂型，具有悬浮率高、展着性好等优点
可溶性粉剂（SP）	原药、填料、表面活性剂等	用于喷雾	可溶于水，防治效果比可湿性粉剂高，对植物较安全，在果实套袋前使用，可避免有机溶剂对果面的刺激

（续）

剂　　型	主要组分	用　　途	优　缺　点
水乳剂（EW）	原药、分散剂、乳化剂、稳定剂、防冻剂等	可直接喷雾或飞机地面喷雾	成本低于乳油，且较少使用有机溶剂，环境亲和性较好
水分散粒剂（WG）	原药、分散剂、稳定剂等	可直接喷雾	悬浮性、稳定性、分散性好，正在发展中的新剂型

此外，颗粒剂、悬乳剂、微胶囊剂、烟剂、乳剂、种衣剂等也是常用剂型。随着农药加工行业的发展和人们环保意识的增强，研究和开发"水性、粒状、缓释"剂型已经成为农药加工领域的研究热点，陆续出现了高效安全、经济方便、环境友好农药新剂型，如水乳剂、微乳剂、可溶液剂、悬乳剂、水分散粒、微胶囊剂等。

2. 农药的鉴别 >>>>

假劣农药不仅浪费广大农户的人力和财力，最关键的是严重危害农作物的产量和质量，影响广大农户的经济效益。在农业生产实践中，识别假劣农药应掌握以下几个方面：

1）农药标签。标签中必须注明产品名称、农药登记号、生产许可号、产品标准号以及农药的有效成分含量、剂型、净含量、产品性能、注意事项、使用方法，还有农药的生产日期、有效期、生产企业名称、地址、邮编、网址，其中农药登记号尤其重要。

2）农药产品名称。标签上产品的名称应当为通用名称或合法商品名。

3）农药产品的外观判断。粉剂、可湿性粉剂应为疏松粉末，无团块，色泽均匀；乳油应为均相液体、无分层、无结晶析出；悬浮剂、悬乳剂为可流动的悬浮液、无结块，长期存放可能存在少量分层现象，但经摇晃后应能恢复原状；水剂为均相液体、无沉淀或悬浮物；颗粒剂应粗细均匀，不应含有大量粉末。

4）超过产品质量保质期的农药不能购买。

5）根据农药外包装认清农药种类，其中绿色为除草剂、红色为杀虫剂、黑色为杀菌剂、蓝色为杀鼠剂、黄色为植物生长调节剂。

3. 农药的安全使用 >>>>

农药在农业生产上必不可少，是保证农业高产稳产不可或缺的生产资料。但是，农药使用不当，可能引起一系列的问题，如人畜中毒、食品安全、环境污染等，因此使用农药必须注意以下几个方面：

1）适期用药，用药合理。在使用农药时必须根据病、虫、草及天敌的发生规律及预测预报，达到防治指标时及时用药。用药剂量应适宜，盲目、片面地以为大剂量、多次数效果就好，往往导致病虫害抗药性的增强，甚至产生药害，也加重了经济负担。

2）严格遵守安全间隔期规定。农药安全间隔期是指最后一次施药到作物采收时的天数，即收获前禁止使用农药的天数。很多农户在使用农药防治害虫时，往往只注重防治效果，不注重产品上市的安全间隔期，结果造成农产品上农药残留超标，严重伤害消费者的身体健康。因此，为保证农产品残留不超标，在安全间隔期内不能采收。

3）掌握安全用药知识，保护自身及环境安全。

① 在配兑农药时，应当戴橡胶手套、口罩；施药过程中穿长袖衣服，注意风向，避免农药飞溅到人身上、脸上等现象；施药完成后，彻底清洗衣服并及时洗澡。

② 购买的农药不应随意存放，避免与食物、饲料、牲畜等放在一起，以免引起人畜中毒；剩余农药必须严密包封带回家中，并放在专用的、使儿童、家畜触及不到的安全场所；农药包装物、空包装袋或包装瓶应妥善处理，不应随便丢弃。

4）增强安全用药意识，禁止使用高毒农药。我国已全面禁止高毒农药在瓜果、蔬菜、果树、茶叶、中药材等作物上的使用。严禁使用的高毒农药有甲胺磷、氧化乐果、甲拌磷、对硫磷、久效磷、甲基对硫磷、水胺硫磷、敌敌畏、三唑磷、乙酰甲胺磷、杀螟硫磷等。克百威、涕灭威、甲拌磷、甲基异硫磷等剧毒农药，只准用于拌种、工具沟施或戴手套撒毒土，严禁喷施。

4. 农药配制方法 >>>>

1）百分比浓度表示法。是指农药的百分比含量。计算公式如下：如配制 0.01% 的毒死蜱药液，是指配制成的药液中含有 0.01% 的毒死蜱原药。用 40% 的毒死蜱乳油配制 15kg 0.01% 的药液，需 40% 的毒死蜱药液用量计算公式如下：

$$使用浓度 \times 用药量 = 原药用量 \times 原药百分比含量$$

$$原药用量 = \frac{使用浓度 \times 用药量}{原药百分比含量} = \frac{0.01\% \times 15kg}{40\%} = 3.75g$$

称取 3.75g 40% 毒死蜱乳油，加入 15kg 水中，搅拌均匀，即为 0.01% 的毒死蜱药液。

2）倍数浓度表示法。这是喷洒农药时经常采用的一种表示方法。

可用下列公式计算：

$$使用倍数 \times 药品用量 = 稀释后的药液量$$

例如，配制 15kg 3000 倍毒死蜱药液，需用毒死蜱药液约 5g。

$$药品用量 = \frac{稀释后的药液量}{使用倍数}$$

$$= \frac{15kg}{3000}$$

$$= 5g$$

3）ppm（百万分之一）含量表示法（现以 mg/kg 表示）。1ppm 是指药液中原药的含量为 1mg/kg。在配制农药或肥料使用浓度时，要根据农药的纯含量以及需要稀释的浓度（用 ppm 单位）确定加水量。其计算公式是

$$每克农药的加水量 = 1000000 \times 药品含量 \div 浓度$$

例如，需用 15% 的多效唑配制成 300ppm 的药液，1g 农药需加多少克水呢？按计算公式计算如下：

$$每克农药的加水量 = 1000000 \times 15\% \div 300ppm$$

$$= 500g$$

即 1g 15% 多效唑加水 500g，即可配制成 300 ppm 的多效唑药液。

5. 农药的施用方法 >>>>

农药的施用方法就是把农药施用到目标物上所采用的各种施用技术措施。主要的施用方法有喷雾法、撒施法、浇洒法、拌（浸）种法、毒饵法等。

1）喷雾法是将一定量的农药与适量的水配成药液，用喷雾器具喷洒成雾滴，形成液气分散体系的施药方法，是目前最常用的农药施用技术。喷雾法可用作茎叶处理，也可用作土壤处理。乳油、可湿性粉剂、悬浮剂、水剂、可溶性粉剂等加水配成稀释液后即可喷洒使用。

2）撒施法是将农药与土或肥混合，直接撒施。该法无须药液配制，药剂可以直接使用，无粉尘或者雾滴飘逸，方便、省工。

3）浇洒法是以水为载体，采用浇灌的方法把农药施入土壤中。习惯上分为泼浇和灌根两种。现在将滴灌、喷灌系统改装，实现自动、定量向土壤中施入农药，用于农业、苗圃、草坪等病虫害的防治。

4）拌（浸）种法是将种子、苗木的外面覆盖一层药剂，是防治种子、种苗带病（菌），土壤传病和地下害虫的有效施药方法。

5）毒饵法是利用有害生物喜食的食物作为毒饵，加入农药配制成毒饵，让有害生物取食中毒的防治方法。

附　　录

附录A　农业部最新推荐使用的高效、低毒农药

1. 杀虫、杀螨剂

生物制剂和天然物质：苏云金杆菌、甜菜夜蛾核多角体病毒、银纹夜蛾核多角体病毒、小菜蛾颗粒体病毒、茶尺蠖核多角体病毒、棉铃虫核多角体病毒、苦参碱、印楝素、烟碱、鱼藤酮、苦皮藤素、阿维菌素、多杀霉素、浏阳霉毒、白僵菌、除虫菌素、硫黄悬浮剂。

合成制剂：溴氰菊酯、氟氯氰菊酯、硫双威、丁硫克百威、氟丙菊酯、抗蚜威、异丙威、速灭威、辛硫磷、敌百虫、敌畏、马拉硫磷、倍硫磷、丙溴磷、二嗪磷、亚胺硫磷、灭幼脲、噻嗪酮、抑食肼、虫酰肼、哒螨灵、四螨嗪、唑螨酯、三唑锡、炔螨特、噻螨酮、苯丁锡、单甲脒、杀虫单、杀虫双、杀螟丹、甲胺基阿维菌素、啶虫脒、吡虫脒、灭蝇胺、氟虫腈、溴虫腈、丁醚脲。

但茶叶上不能使用氰戊菊酯、甲氰菊酯、乙酰甲胺磷、噻嗪酮、哒螨灵。

2. 杀菌剂

无机杀菌剂：碱式硫酸铜、王铜、氢氧化铜、氧化亚铜、石硫合剂。

合成杀菌剂：代森锌、代森锰锌、福美双、乙磷铝、多菌灵、甲基硫菌灵、噻菌灵、百菌清、三唑酮、三唑醇、己唑醇、腈菌唑、乙霉威、硫菌灵、腐霉利、异菌脲、霜霉威、烯酰吗啉·锰锌、霜脲氰·锰锌、邻烯丙基苯酚、嘧霉胺、氟吗啉、盐酸吗啉胍、恶霉灵、噻菌酮、咪鲜胺、咪鲜胺吗啉胍、抑霉唑、氨基寡糖素、甲霜灵·锰锌、亚胺唑、恶唑烷酮锰锌、脂肪酸铜、腈嘧菌酯。

生物制剂：井冈霉素、农抗 120、菇类蛋白多糖、春菌霉素、多抗霉素、宁南霉素、木霉菌、农用链霉素。

附录 B　2019 年最新国家禁用农药

1. 全面禁止生产、销售和使用的农药名单

六六六（HCH），滴滴涕（DDT），毒杀芬，二溴氯丙烷，杀虫脒（别名：氯苯脒、沙螨脒、5701、克死螨），二溴乙烷（EDB），除草醚，艾氏剂（别名：化合物 118），狄氏剂（别名：氧桥氯甲桥萘、化合物 497），汞制剂，砷类，铅类，敌枯双，氟乙酰胺，甘氟，毒鼠强，氟乙酸钠，毒鼠硅（别名：氯硅宁、硅灭鼠），甲胺磷（别名：沙螨隆、多灭磷、多灭灵、克螨隆、脱麦隆），甲基对硫磷（别名：甲基 1605），对硫磷（别名：1605、乙基对硫磷、一扫光），久效磷（别名：3D-9129），磷胺（别名：杀灭虫），苯线磷，地虫硫磷，甲基硫环磷，磷化钙，磷化镁，磷化锌，硫线磷，蝇毒磷，治螟磷，特丁硫磷，氯磺隆，福美脒，福美甲脒，胺苯磺隆单剂及复配制剂，甲磺隆单剂及复配制剂，百草枯水剂，三氯杀螨醇。

2. 在蔬菜、果树、茶叶、中草药材上不得使用和限制使用的农药

甲拌磷，甲基异柳磷，内吸磷，克百威，涕灭威，灭线磷，硫环磷，氯唑磷等高毒农药不得用于蔬菜、果树、茶叶、中草药材上。氰戊菊酯不得用于茶树上；甘蓝、柑橘树上禁止使用氧乐果；花生上禁止使用丁酰肼（比久）；草莓、黄瓜上禁止使用溴甲烷；水胺硫磷禁止使用在柑橘树上，灭多威在柑橘树、苹果树、茶树、十字花科蔬菜上禁止使用，硫丹在苹果树、茶树上禁止使用；除卫生用、玉米等部分旱田种子包衣剂外，禁止氟虫腈在其他方面使用。

3. 其他

自 2013 年 12 月 31 日起，撤销氯磺隆、苯磺隆、甲磺隆、福美脒和福美甲脒（包括原药、单剂和复配制剂，下同）的农药登记证，且自 2015 年 12 月 31 日起，逐步禁止这些农药在国内销售和使用。自 2016 年 12 月 31 日起，禁止毒死蜱和三唑磷在蔬菜上使用。

附录 C 樱桃园常用农药品种及其使用技术

1. 常用杀菌剂

药 剂 名 称	毒 性	稀释倍数和使用方法	防 治 对 象
430g/L 戊唑醇悬浮剂	低毒	3000～5000 倍液，喷施	褐斑病、叶斑病、灰霉病、炭疽病、褐腐病等
10% 苯醚甲环唑水分散颗粒剂	低毒	2500～3000 倍液，喷施	褐斑病、叶斑病、灰霉病、炭疽病等
80% 大生 M-45 可湿性粉剂	低毒	800 倍液，喷施	褐斑病、叶斑病、灰霉病、穿孔病、褐腐病等
70% 甲基硫菌灵可湿性粉剂	低毒	800～1000 倍液，喷施	多种真菌病害
50% 多菌灵可湿性粉剂	低毒	500～700 倍液，喷施	多种真菌病害
50% 异菌脲可湿性粉剂	低毒	1000～1500 倍液，喷施	褐斑病、叶斑病、炭疽病、褐腐病等
72% 农用链霉素可溶性粉剂	低毒	4000 倍液，喷施	细菌性穿孔病
K84	低毒	蘸根、灌根	根癌病
石硫合剂	中毒	休眠期使用	多种病原菌、介壳虫等越冬害虫
0050% 速克灵可湿性粉剂	低毒	1500 倍液，喷施	灰霉病
40% 嘧霉胺悬浮剂	低毒	800～1200 倍液，喷施	灰霉病
3% 多抗霉素水剂	低毒	500～600 倍液，喷施	多种真菌病害
25% 丙环唑乳油	低毒	200 倍液涂抹；1500～2000 倍液，喷施	腐烂病、褐斑病、叶斑病、炭疽病、褐腐病等

（续）

药剂名称	毒　性	稀释倍数和使用方法	防治对象
腐必清乳剂（涂剂）	低毒	萌芽前 2～3 倍液，涂抹	腐烂病
40%氟硅唑乳油	低毒	6000～8000 倍液，喷施	腐烂病、褐斑病、叶斑病、炭疽病、褐腐病等
1%中生菌素水剂	低毒	1000 倍，喷施或灌根	褐斑病、叶斑病、根癌病等
4%农抗 120 水剂	低毒	500～600 倍液，喷施	炭疽病、腐烂病、叶斑病、黑斑病等

2. 杀虫、杀螨剂

品种与剂型	毒　性	稀释倍数和使用方法	防治对象
5%噻螨酮乳油	低毒	1500～2000 倍液喷施	山楂叶螨、二斑叶螨
24%螺螨酯悬浮剂	低毒	5000～6000 倍液喷施	山楂叶螨、二斑叶螨
15%哒螨灵乳油	低毒	2500～3000 倍液喷施	山楂叶螨
20%四螨嗪悬浮剂	低毒	2000～2500 倍液喷施	山楂叶螨、二斑叶螨
10%浏阳霉素水剂	低毒	1500～2000 倍液喷施	山楂叶螨、二斑叶螨
1.8%阿维菌素乳油	低毒	5000～6000 倍液喷施	二斑叶螨、山楂叶螨、金纹细蛾
1.9%甲维盐乳油	低毒	5000～6000 倍液喷施	二斑叶螨、山楂叶螨、金纹细蛾
5%虫螨腈乳油	低毒	4000～6000 倍液喷施	卷叶蛾、二斑叶螨、山楂叶螨
24%噻虫嗪颗粒剂	低毒	8000～10000 倍液喷施	蚜虫
10%吡虫啉可湿性粉剂	低毒	3000～4000 倍液喷施	蚜虫、叶蝉

（续）

品种与剂型	毒　性	稀释倍数和使用方法	防　治　对　象
3%啶虫脒乳油	中等毒	2500～3000 倍液喷施	蚜虫
20%虫酰肼悬浮剂	低毒	1500～2000 倍液喷施	卷叶蛾
35%氯虫苯甲酰胺水分散粒剂	微毒	3000～4000 倍液喷施	鳞翅目害虫的幼虫
40%毒死蜱乳油	中等毒	1500～2000 倍液喷施	蚜虫、梨小食心虫
50%杀螟硫磷乳油	低毒	1200～1500 倍液喷施	梨小食心虫、卷叶蛾
5%氟虫腈乳油	低毒	2000～2500 倍液喷施	卷叶蛾、蚜虫、椿象
2.5%氯氟氰菊酯乳油	中毒	2500～3000 倍液喷施	梨小食心虫、兼治叶螨
5%氟氯氰菊酯乳油	低毒	2500～3000 倍液喷施	梨小食心虫
4.5%高效氯氰菊酯乳油	中等毒	1500～2000 倍液喷施	梨小食心虫
2.5%溴氰菊酯乳油	中等毒	2500～3000 倍液喷施	梨小食心虫
20%甲氰菊酯乳油	中等毒	2500～3000 倍液喷施	梨小食心虫、兼治叶螨
10%联苯菊酯乳油	中等毒	1000～1500 倍液喷施	梨小食心虫、兼治叶螨
25%灭幼脲悬浮剂	低毒	1500～2000 倍液喷施	卷叶蛾
5%杀铃脲乳油	低毒	1500～2000 倍液喷施	卷叶蛾
5%除虫脲悬浮剂	低毒	400～600 倍液喷施	卷叶蛾

（续）

品种与剂型	毒　性	稀释倍数和使用方法	防治对象
25%噻嗪酮可湿性粉剂	低毒	1500～2000 倍液喷施	介壳虫、叶蝉
95%机油乳剂	微毒	50～100 倍液喷施	介壳虫、蚜虫、叶螨

附录 D　波尔多液的配制及质量检测

1. 波尔多液的配制

（1）材料及用具　生石灰、硫酸铜、水、电子秤、木棒、试管、pH 试纸、塑料桶等。

（2）原材料比例　生石灰 1 份，硫酸铜 1 份，水 100 份。

（3）配制方法　稀硫酸铜注入浓石灰法：用 4/5 的水溶解硫酸铜，另用 1/5 的水在塑料桶中溶解生石灰，然后将硫酸铜注入浓石灰中，边倒边搅拌即成。

2. 波尔多液质量检测

（1）颜色观察　比较观察配制出来波尔多液的颜色质地是否相同，质量优良的波尔多液应为天蓝色胶乳状液。

1）pH 试纸反应。将配制的波尔多液用 pH 试纸进行检测，优质的波尔多液的 pH 应为碱性。

2）铁钉试验。用磨亮的铁钉插入配制好的波尔多液中，观察是否有镀铜现象，优质的波尔多液以不产生镀铜现象为好。

3）滤气吹气。取配制的波尔多液滤液少许分别置于玻片上，对液面轻吹约 1min，优质的波尔多液以产生薄膜为好。

（2）沉淀检测法　将配制好的波尔多液分别倒入 100mL 量筒中，静置 30min 后，按时记录沉淀情况。沉淀越慢，质量越好，否则，质量就差。

附录 E　石硫合剂的配制及注意事项

1. 石硫合剂的配制

（1）材料　生石灰、硫黄粉和水。

（2）原材料比例　原料的配比为 1：（1.3~2）：（10~20），在这个配比范围内都能熬制出浓度较大的母液。

（3）熬制方法　计算好用水量，先将水倒入铁锅中，烧热至60℃左右时，把生石灰沿锅边倒入铁锅内，不停搅动，用火加热，生石灰遇水后放热很快溶解成石灰浆。在石灰乳沸腾时，把事先调好的硫黄浆沿锅边缓缓倒入锅中，边倒边搅拌，并标记旺火熬煮前铁锅中混合液液面位置。旺火煮沸 40~60min，熬制期间用热水补足蒸发水量至水位线，待药液颜色由鲜黄逐渐熬成枣红色即可停火。补足水量应在撤火 15min 前进行，其间仍需要不停搅拌。冷却后用细网过滤，滤出残渣。

2. 石硫合剂配制注意事项

熬制方法是否得当，直接影响到配制药液的质量高低。因此熬制过程中应注意以下几个方面。

1）熬制时忌用铜锅、铝锅、钢锅，要用生铁锅。

2）选用质量好、白色、块状生石灰，硫黄粉的目数越高越好。

3）熬制过程中要不停搅拌，如液体上泡沫多，可放入盐消灭泡沫。

4）熬制过程中把时间和火力控制好。时间短或火力不够，直接影响原液质量。

5）熬制过程中用开水补充蒸发的水量，使标记的水面高度保持不变，且补足水量应在撤火 15 min 前进行。

附录 F　樱桃树树干涂白剂

1. 改良型硫酸铜石灰涂白剂

此涂白剂为作者多年生产实践总结的改良型硫酸铜石灰涂白剂配方，田间应用具有较好的效果。

〔有效成分比例〕 硫酸铜、生石灰、成品 108 胶水、食盐（少许，也可不加）、水，以 1：20：1.5：1.5：（60~80） 的比例配制。

〔配制方法〕 ①用少量开水将硫酸铜充分溶解，再加用水量的 2/3 的水加以稀释；②将生石灰加另 1/3 水慢慢溶化调成浓石灰乳；③等两液充分溶解且温度相同后将硫酸铜溶液倒入浓石灰乳中，再加入成品 108 胶水和盐，并不断搅拌均匀即成改良型涂白剂。

【注意】配料中要求生石灰色白、质轻、无杂质，如采用不纯熟石灰作为原料时，要先用少量水泡数小时，使其变成膏状无颗粒状态最好。把消化不完全的颗粒石灰刷到树干上，会在树干上继续消化吸收水分放热进而烧伤树皮。

2. 石灰硫黄四合剂涂白剂

【有效成分比例】生石灰 10kg、硫黄 1kg、食盐 0.2kg、动（植）物油 0.2kg、热水 40kg。

【配制方法】①先用 40～50℃的热水将硫黄粉与食盐分别泡溶化，并在硫黄粉液里加入洗衣粉；②将生石灰慢慢放入 80～90℃的开水中慢慢搅动，充分溶化；③石灰乳和硫黄加水充分混合；④加入盐和油脂充分搅匀即成。

3. 石硫合剂生石灰涂白剂

【有效成分比例】石硫合剂原液 0.25kg、食盐 0.25kg、生石灰 1.5kg、油脂适量、水 5kg。

【配制方法】将生石灰加水溶化，加入油脂搅拌后加水制成石灰乳再倒入石硫合剂原液和盐水中，充分搅拌即成。

【注意】樱桃树涂白剂要随配随用，不得久放。使用时要将涂白剂充分搅拌。在使用涂白剂前，最好先剪除病枝、弱枝、老化枝及过密枝，然后将它们收集起来予以烧毁，并且把树干上折裂、冻裂处用塑料薄膜包扎好。在仔细检查果树过程中如发现枝干上已有害虫蛀入，要用棉花浸药把害虫杀死后再进行涂白处理。涂白剂一般选晴天和相对温暖天气进行涂刷。涂刷时用毛刷蘸取涂白剂，将主枝基部及主干均匀涂白，涂白部位高度以离地 1～1.5m 为宜。

石灰的白色反光作用，不仅能减少对太阳热能的吸收，缩小昼夜温差，起到保护皮层，防止日灼、冻害作用，而且能防止天牛、吉丁虫、大青叶蝉等害虫在枝干上产卵为害。涂白剂中含有大量杀菌杀虫成分，对拒避老鼠啃树皮、减少枝干发病也有好的效果。

附录 G 樱桃园病虫综合防治技术规程

时期（物候期）	防治对象	防治方法
11月上旬至3月上旬（休眠期）	消灭各种越冬病虫害，如腐烂病、流胶病、枝枯病、褐腐病、炭疽病等病害及梨小食心虫、螨类、刺蛾类、介壳虫类等害虫	1. 树干涂白或在树的主干上缠草绳，防止冻害并减轻腐烂病的发生 2. 结合冬季修剪，剪除病虫枯枝、僵果，清除地面落果、落叶、杂草，结合施肥和翻耕土壤，深埋树下或集中起来带出果园烧毁，消灭越冬病虫 3. 入冬在树干上绑草把、草绳诱集害虫越冬，春天解除草绳，消灭害虫
3月中旬至4月初（芽萌动期）	铲除树上越冬病菌及害虫等	1. 果树萌芽前，用3~4波美度石硫合剂，或80%五氯酚钠可湿性粉剂250倍液喷树干、树枝，铲除越冬菌源；介壳虫为害严重的果园，可用95%机油乳剂80倍液+48%毒死蜱乳油1500倍液喷雾 2. 芽萌动后期，防治绿盲蝽、叶蝉、卷叶虫、蚜虫等，供选择药剂有10%吡虫啉可湿性粉剂1500倍液、3%啶虫脒乳油2000倍液、5%高效氯氰菊酯乳油1500倍液、5%高效氯氟氰菊酯乳油2000倍液
4月中旬至5月上旬（开花期至幼果期）	盲蝽象、蚜虫、卷叶蛾、叶螨、食心虫、金龟子、灰霉病、炭疽病、穿孔病、腐烂病、褐腐病、细菌性穿孔病等	1. 低温、阴湿、花期多雨的大棚栽培的樱桃树，花前花后各喷施一次40%嘧霉胺悬浮剂800~1200倍液、50%速克灵可湿性粉剂1500倍液、50%异菌脲悬浮剂1500倍液、43%戊唑醇悬浮剂3000倍液、70%甲基硫菌灵可湿性粉剂700倍液、50%多菌灵可湿性粉剂600倍液 2. 注意微量元素的补给，尤其钙、硼、锌、铁，可选择0.1%的硼砂、硫酸锌，或者市售氨基酸钙等叶面肥喷雾

（续）

时　期（物候期）	防治对象	防治方法
4月中旬至5月上旬（开花期至幼果期）	盲蝽象、蚜虫、卷叶蛾、叶螨、食心虫、金龟子、灰霉病、炭疽病、穿孔病、腐烂病、褐腐病、细菌性穿孔病等	3. 花后5天开始，每隔14天左右喷施80%代森锰锌可湿性粉剂800倍液、50%福美锌可湿性粉剂500倍液、可混合72%农用链霉素可溶性粉剂4 000倍液一起防治细菌性穿孔病 4. 喷施杀菌剂同时可混用杀虫剂同时兼治盲蝽象、蚜虫、卷叶蛾、叶螨、食心虫、金龟子、刺蛾、毛虫类等害虫，可选择15%哒螨灵乳油2 000倍液、1.8%阿维菌素乳油3500倍液消灭红白蜘蛛；10%吡虫啉可湿性粉剂1 500倍液、3%啶虫脒乳油2 000倍液杀灭各类蚜虫；5%锐劲特悬浮剂2000倍液、5%高效氯氰菊酯乳油1500倍液、5%高效氯氟氰菊酯乳油2000倍液消灭盲椿象、卷叶蛾类成虫；卷叶蛾幼虫可选择25%灭幼脲悬浮剂2000倍液消灭
5月中下旬至6月下旬（樱桃膨大期至成熟期）	褐腐病、灰霉病（大棚发生尤其重）、细菌性穿孔病、炭疽病、软腐病、裂果病等病害及蚜虫、食心虫、红白蜘蛛、金龟子、潜叶蛾、叶蝉、介壳虫、刺蛾、毛虫类害虫	1. 大棚栽培的樱桃树，每隔14天喷施一次40%嘧霉胺悬浮剂800～1200倍液、50%速克灵可湿性粉剂1500倍液、50%异菌脲悬浮剂1500倍液、43%戊唑醇悬浮剂3000倍液、70%甲基硫菌灵可湿性粉剂700倍液、50%多菌灵可湿性粉剂600倍液及72%农用链霉素可溶性粉剂4000倍液一起防治褐腐病、灰霉病、细菌性穿孔病、软腐病、黑斑病 2. 裂果病与樱桃品种抗性相关，可合理适时浇水，避免果园大湿大旱，或樱桃花后至采收前喷施3～4次钙叶面肥也可起到一定效果 3. 喷施杀菌剂同时可混用杀虫剂同时兼治蚜虫、叶螨、食心虫、卷叶蛾、介

（续）

时期（物候期）	防治对象	防治方法
5 月中下旬至 6 月下旬（樱桃膨大期至成熟期）	褐腐病、灰霉病（大棚发生尤其重）、细菌性穿孔病、炭疽病、软腐病、裂果病等病害及蚜虫、食心虫、红白蜘蛛、金龟子、潜叶蛾、叶蝉、介壳虫、刺蛾、毛虫类害虫	壳虫、金龟子、刺蛾、毛虫类等害虫，可选择 15% 哒螨灵乳油 2000 倍液、20% 四螨嗪悬浮剂 2000 倍液、25% 三唑锡可湿性粉剂 1500 倍液、1.8% 阿维菌素乳油 3500 倍液消灭红白蜘蛛；10% 吡虫啉可湿性粉剂 1500 倍液、3% 啶虫脒乳油 2000 倍液杀灭各类蚜虫 4. 5 月中下旬为各类介壳虫若虫孵化期，是防治关键时期，可选择 5% 高效氯氰菊酯乳油 1500 倍液、5% 高效氯氟氰菊酯乳油 2000 倍液、48% 毒死蜱乳油 1500 倍液、40% 杀扑磷乳油 1500 倍液 5. 樱桃成熟期，注意防治果蝇为害。果实着色前，田间可悬挂糖醋液诱集成虫；地面喷洒毒死蜱、辛硫磷；及时采果
果实采收后至落叶期（7 月至 10 月中下旬）	细菌性穿孔病、褐斑穿孔病、炭疽病、黑斑病、潜叶蛾、叶蝉、食心虫、卷叶蛾、红白蜘蛛、毛虫等病虫害	1. 需要喷药防治，药剂使用同上，注意不同种类药剂轮换使用，以防抗药性的产生 2. 经常检查树上病虫发生情况，发现天牛和吉丁虫为害时，人工钩杀或灌注药液消灭

注：1. 喷药时间指的是山东省泰安郊区的大致时期，不同地区有所差异，如鲁西南应提早 5~7 天，烟台则推迟 10~15 天。

2. 果树病虫害的防治是根据主要病害的发生情况，以杀菌剂的适时、合理施用为基础的，应严格掌握每 10~14 天喷一次药。杀虫、杀螨剂的使用是根据虫害、螨害的发生情况加入的。其加入的种类、使用浓度和时期，可根据虫害、螨害的发生种类、抗药性情况作适当调整。

3. 各杀虫、杀菌剂均应在果实采摘前 15 天停止施药，果实采摘后根据叶片病虫害发生情况继续用药，以确保正常落叶，使第二年丰产。

附录 H　常见计量单位名称与符号对照表

量 的 名 称	单 位 名 称	单 位 符 号
长度	千米	km
	米	m
	厘米	cm
	毫米	mm
面积	公顷	ha
	平方千米（平方公里）	km^2
	平方米	m^2
体积	立方米	m^3
	升	L
	毫升	mL
质量	吨	t
	千克（公斤）	kg
	克	g
	毫克	mg
物质的量	摩尔	mol
时间	小时	h
	分	min
	秒	s
温度	摄氏度	℃
平面角	度	(°)
能量，热量	兆焦	MJ
	千焦	kJ
	焦［耳］	J
功率	瓦［特］	W
	千瓦［特］	kW
电压	伏［特］	V
压力，压强	帕［斯卡］	Pa
电流	安［培］	A

参 考 文 献

[1] 李晓军. 樱桃病虫害防治技术 [M]. 北京：金盾出版社，2010.

[2] 李晓军，孙瑞红. 樱桃病虫害及防治原色图册 [M]. 北京：金盾出版社，2008.

[3] 孙瑞红，李晓军. 图说樱桃病虫害防治关键技术 [M]. 北京：中国农业出版社，2012.

[4] 郭书普，戚仁德. 桃、李、杏、樱桃病虫害防治图解 [M]. 北京：化学工业出版社，2013.

[5] 冯玉增，程国华. 樱桃病虫害诊治原色图谱 [M]. 北京：科学技术文献出版社，2010.

[6] 王英祥，王革，曾千春，等. 果实褐腐病的调查与防治研究 [J]. 云南农业大学学报，1998，13 (1)：29-32.

[7] 刘志恒，白海涛，杨红，等. 大樱桃褐腐病菌生物学特性研究 [J]. 果树学报，2012，29 (3)：423-427.

[8] 张涛，李婷，郭鹏飞，等. 西安市樱桃褐腐病发生特点及综合防治措施 [J]. 中国植保导刊，2011，31 (1)：20-21.

[9] Jorunn Børve, Arne Stensvand. Colletotrichum acutatum overwinters on sweet cherry buds [J]. Plant Disease, 2006, 90 (11)：1452-1456.

[10] Jorunn Børve, Arne Stensvand. Timing of fungicide applications against anthracnose in sweet and sour cherry production in Norway [J]. Crop Protection, 2006, 25 (8)：781-787.

[11] 刘保友，张伟，栾炳辉，等. 大樱桃褐斑病病原菌鉴定与田间流行动态研究 [J]. 果树学报，2012 (4)：634-637.

[12] 赵远征，刘志恒，李俞涛，等. 大樱桃黑斑病病原鉴定及其致病性研究 [J]. 园艺学报，2013，40 (8)：1560-1566.

[13] 刘保友，张伟，栾炳辉，等. 大樱桃根癌病原细菌分类地位鉴定 [J]. 湖北农业科学，2009，48 (10)：2437-2439.

[14] 何煜波，王如意，胡文忠，等. 樱桃软腐病原菌的分离鉴定和特性分析 [C] //中国食品科学技术学会第七届年会论文摘要集. 北京：中

国食品科学技术学会，2010：26-27.

[15] 王雅丽，樊民周，张涛，等. 樱桃李属坏死环斑病毒病发生规律与控制技术研究 [J]. 陕西师范大学学报：自然科学版，2006（34）：5-9.

[16] 张涛，曹瑛，冯渊博，等. 樱桃李属坏死环斑病毒病综合控制技术研究初报 [J]. 陕西农业科学，2009（2）：44-46.

[17] Matthew D Whiting. Producing Premium Cherries：Pacific northwest fruit school cherry shortcourse proceedings [M]. Washington：Good Fruit Grower，2005.

[18] 伍苏然，太红坤，李正跃，等. 樱桃果蝇田间诱捕方法比较 [J]. 云南农业大学学报，2007，22（5）：776-782.

[19] 李定旭，陈根强，郭仲儒. 樱桃瘿瘤头蚜的发生和防治 [J]. 昆虫知识，1999，36（4）：193-195.

[20] 衡雪梅，马丽，衡红霞，等. 几种杀螨剂对山楂叶螨的防效评价及防治对策 [J]. 农药，2008，47（1）：68-69.

[21] 孙益知，王根，姜保本. 樱桃实蜂的生物学及其防治研究 [J]. 植物保护，1993（4）18-19.

[22] 孙学海. 梨冠网蝽在樱桃上的为害特征与综合防治措施 [J]. 中国植保导刊，2007，27（9）：22-23.

[23] 仇兰芬. 危害果树的重要害虫 [D]. 北京：中国林业科学研究院，2008.

[24] 孙瑞红，王涛，秦志华，等. 山东保护地大樱桃病虫害发生动态与防治措施 [J]. 落叶果树，2010（1）：24-25.

[25] 陈秋芳，王敏，何美美，等. 不同砧木甜樱桃品种早大果的抗寒性鉴定 [J]. 中国果树，2008（2）：18-20.

[26] 张学河，李霞. 甜樱桃的冻害和幼树越冬抽条现象及其预防 [J]. 落叶果树，2006（6）：47-48，99-100.

[27] 王彦华，王鸣华，张久双. 农药剂型发展概况 [J]. 农药，2007（5）：300-303.

[28] 屠豫钦. 农药剂型和制剂与农药的剂量转移 [J]. 农药学学报，1999，1（1）：1-6.

书 目

书　　名	定价	书　　名	定价
草莓高效栽培	22.80	黄瓜高效栽培	22.80
棚室草莓高效栽培	29.80	番茄高效栽培	25.00
葡萄高效栽培	25.00	大蒜高效栽培	19.80
棚室葡萄高效栽培	25.00	葱高效栽培	25.00
苹果高效栽培	22.80	生姜高效栽培	19.80
甜樱桃高效栽培	29.80	辣椒高效栽培	25.00
棚室大樱桃高效栽培	18.80	棚室黄瓜高效栽培	25.00
棚室桃高效栽培	22.80	棚室番茄高效栽培	25.00
棚室甜瓜高效栽培	25.00	图说番茄病虫害诊断与防治	25.00
棚室西瓜高效栽培	25.00	图说黄瓜病虫害诊断与防治	19.90
果树安全优质生产技术	19.80	棚室蔬菜高效栽培	25.00
图说葡萄病虫害诊断与防治	25.00	图说辣椒病虫害诊断与防治	22.80
图说樱桃病虫害诊断与防治	25.00	图说茄子病虫害诊断与防治	25.00
图说苹果病虫害诊断与防治	25.00	图说玉米病虫害诊断与防治	29.80
图说桃病虫害诊断与防治	25.00	食用菌高效栽培	39.80
枣高效栽培	23.80	平菇类珍稀菌高效栽培	25.00
葡萄优质高效栽培	25.00	耳类珍稀菌高效栽培	26.80
猕猴桃高效栽培	29.80	苦瓜高效栽培（南方本）	19.90
无公害苹果高效栽培与管理	29.80	百合高效栽培	25.00
李杏高效栽培	29.80	图说黄秋葵高效栽培（全彩版）	25.00
砂糖橘高效栽培	29.80	马铃薯高效栽培	22.80
图说桃高效栽培关键技术	25.00	果园无公害科学用药指南	39.80
图说果树整形修剪与栽培管理	49.80	天麻高效栽培	29.80
图解庭院花木修剪	29.80	图说三七高效栽培	35.00
板栗高效栽培	22.80	图说生姜高效栽培（全彩版）	29.80
核桃高效栽培	25.00	图说西瓜甜瓜病虫害诊断与防治	25.00
图说猕猴桃高效栽培（全彩版）	39.80	图说苹果高效栽培（全彩版）	29.80
图说鲜食葡萄栽培与周年管理（全彩版）	39.80	图说葡萄高效栽培（全彩版）	45.00
花生高效栽培	16.80	图说食用菌高效栽培（全彩版）	39.80
茶高效栽培	25.00	图说木耳高效栽培（全彩版）	39.80

详情请扫码